JN131990

宇宙物理学入門

伏見賢一 著

現代宇宙物理学の
AからΩ

第3版

大学教育出版

まえがき (初版)

　本書は、大学 1 年生の文科系を含む学生を対象とした講義「宇宙物理学入門」と、自然科学系 3 年生以上を対象とした講義「宇宙物理学概論」の両方のために作ったなんとも欲張りな本である。良識のある著者ならばこのような無謀を働くことはせずに、初心者向けのやさしい本と専門家向けの難しい本を書くであろう。しかし本書では、一冊を読めば宇宙物理の最先端の研究を始めるに必要な予備知識を身につけることができるだけでなく、難しいところはどんどん読み飛ばしても、日常生活をより豊かにする（支障は生じないと思う）に十分な知識を得ることができるようにする試みを行ってしまった。

　各章のはじめのうちはやさしい内容を中心に書いたので、すべての読者は読むことができるであろう。3 段落ほど進んだところから式が登場したりすることがある。勇気ある学生はどんどん読んでいって、計算を自力でやってほしい。もちろんここは読み飛ばしてしまっても、大学初年度の一般教養程度の知識はそれまでの段落で身に付いているはずなので、自信を持って「本書を読破しました」と宣言してほしい。

　本書は大きく 2 部に分かれている。

　第 1 部では恒星の進化について、何よりはじめには夜空に見えている恒星の分類について紹介し、色鮮やかに輝く恒星の秘密について紹介する。この章では後の章で使われる専門用語の基礎（意味）がたくさん紹介されているので熟読されることをお勧めする。はじめに身近な太陽の解説を行う。太陽は近くにあるものの、特にその内部に関してはなかなか理解されてこなかった。最近 10 年間の飛躍的な進歩で太陽内部の構造について詳しいことが解ってきたのでそれについて解説することにする。

　その後で太陽以外の一般の恒星の進化について解説する。恒星の質量によって進化の道筋が決まっていることがわかり、大きな恒星は最後に華々しく爆発して超新星となり、全体を吹き飛ばしたり、中心部に高密度の（角砂糖 1 個分の質量がなんと 1 t を超える）白色矮星や数億 t を超える中性子星、さらには吸収したものは一切外には出さないブラックホールなどを作る。一方小さな恒星はわずかな燃料をゆっくりと消費し、静かにその一生を終えていくことが知られている。

　第 2 部では宇宙の構造と進化について紹介する。はじめに広大な宇宙空間でどのように天体の距離を測定していくかについて紹介していく。地球上で距離を測るのとは違って現地まで行って距離を測定するわけにはいかないので、いろいろな方法を組み合わせて徐々に遠方の天体の距離を明らかにしていく。近くの天体を測定することができる一定の明るさを持つ天体（標準光源という）を利用して近くの天体を測定し、その天体でさらに新しい基準となる明るい標準光源を見つける。このようにして距離の測定方法を順序立てて測定する方法は「距離の梯子」として知られている。

　古代から人類は宇宙の構造をさまざまに想像してきた。そして、19 世紀の終わり頃から科学的なデータをもとに現在多くの研究者が考えているような宇宙を作り上げてきた。その歴史をはじめにひもといてみる。現代でも宇宙は永遠不変であるという理論と時々刻々と進化を続けているという説が対立しており、議論の最中である。とはいえ、多くの観測データは、宇宙は過去のある時点に誕生し、進化を続けているという進化宇宙論、その中でも宇宙が加速しながら膨張しているという膨張宇宙論が主流である。膨張宇宙論の理論的基礎はアインシュタインが作った相対性理論である。はじめにアインシュタインが構築した理論を紹介し、そのいくつかの解について議論する。

　6 章では宇宙の主成分の一つである宇宙暗黒物質の探索について詳しく説明する。筆者が今まで十数年にわたって宇宙暗黒物質探索を行ってきたこともあって、少々微にわたって記述されすぎている感が

強いが、思い入れの強さがそのような結果を生んでしまったので容赦いただきたい。難しいなと思われる方は遠慮なく読み飛ばしていただいて結構である。7章で宇宙の始まりと元素の起源について紹介する。5章で解説したビッグバン宇宙論に基づく宇宙論では全てのものはエネルギーから作られる。通常の素粒子理論ではエネルギーからは物質と反物質が同数ずつ作られる。しかし、現在我々が観測している宇宙では物質しか観測されていない。反物質はどこへ行ったのか、このような問題について解説する。さらに宇宙の進化の歴史について詳しい観測が進んでいるので紹介していきたい。ここの内容は5章の膨張宇宙論で解説したことをさらに詳しく解説したものもあるので少し深く勉強できるであろう。

第2版にあたって

先輩に「教科書は売れないよ」と言われていたにもかかわらず、初版は売り切れてしまった。これも拙著を教科書に採用してくださっている多くの先生のおかげとこの場で御礼申し上げる。初版を2008年に上梓してからわずか7年で初版の内容はだいぶ古くなってしまった。これはこれまでのこの分野の観測技術の飛躍的な進歩によるものが大きい。6年で売り切れるのであれば、この際速報性のある情報も盛り込んでおこうという気分になって、いくつかの章で最新の情報を取り入れた。

基本姿勢は初版と変わらず、大学初年次から大学院生まで使えるという欲張った内容にしている。大きな変更点は、

1. 本題に入る前に宇宙全体の概観と構成要素の紹介をすることにした。これから勉強する宇宙とはどんなもので何が面白いかということを非常に簡単に紹介している。ここでは写真を多用してイメージをつかみやすいように配慮したつもりであるが、授業ではもっとたくさんの写真をスクリーンに映すことで理解をより深めることができる。
2. 初版では宇宙論の後に宇宙暗黒物質の解説をし、そのあとに宇宙進化の話をしていたが、話の連続性を考えると宇宙論、宇宙進化、宇宙暗黒物質の順に話をするほうがよいと考えて修正した。
3. 付録に相対性理論の概説を加えた。宇宙科学を専門で解説する大学ならばたいていは相対性理論の授業があるはずであるが、本書でもある程度解説しておいたほうがよいと感じたためである。

次の第3版を出すころには宇宙物理学の講義はどのように変わってきているのか楽しみにしている。

第2版 (改訂版) にあたって

2021年の1月に第2版がそろそろ売り切れる、という連絡が来た。第2版には多数のミスプリントがあり、読者の皆さんには大変迷惑をかけていることをお詫びしたい。ということで、ミスの修正を中心に第2版の改訂版とすることにした。5年前に「次は第3版」と書いていた。大きな変更が多数あれば第3版としたいところであるが、今回は巨大ブラックホールの撮影成功、というビッグニュースの他は大きな進展は見られていない。なお、宇宙暗黒物質の探索実験は2020年の状況にアップデートしているが、相変わらず確実な発見の情報は見つかっていない。しかしながら宇宙暗黒物質探索の実験は次世代の検出器開発があちこちで進んでおり、次は大きな進展が見られて第3版となることを期待したい。

2021年1月

目次

序論・宇宙の階層

　宇宙の天体はバラバラに存在しているわけではなく、それぞれの階層ごとに集団を作っている。あたかも人類が社会の中で集団を作って生活しているかのようである。それぞれの階層ごとに特徴を見ていこう。

恒星

　まずは宇宙の最も重要な基本構成要素、恒星である。恒星 (the fixed stars) とは星座を作る星で、毎年同じ季節には同じ場所に見られる星である。それぞれの恒星の配置によって星座が決められている。古代から多くの民族の伝説によって星座が決められていたが、現在では国際天文連合 (IAU: International Astronomical Union ウェブサイトは http://www.iau.org/) によって, 全天に 88 個の星座が決められている。地球の北半球から見ることのできる星座の多くはギリシャ神話やエチオピア神話に由来する名前である。一方、南半球でしか見られない星座は、大航海時代に作られた星座が多く、航海に使用した道具や南の国で見つけた珍しい動物などが星座になっている。

　肉眼で見ることのできるほとんどの恒星には名前が付いている。特に目立つ恒星には複数の名前が付いていて、時と場合に応じて名前が使い分けられている。例えばこと座にあるヴェガ (Vega)(図 1) の名前を紹介してみよう。

1. **ヴェガ:** 神話に由来する名前。アラビア語の「降り立つ鷲」に由来する。
2. **こと座 α 星:** 星座の中で目立つ順番または星座を作る上で重要な順番にギリシャ文字の小文字で名前を付けている。24 文字のギリシャ文字では足らないときは英語のアルファベットの小文字をつけていく。
3. **こと座 3 番星:** 星座の中で南中する時刻の早い順に名前を付けている。つまり、この恒星はこと座の中で 3 番目に南中する恒星である。
4. **織り姫星:** 日本の民話に由来する名前である。その他世界の各国でさまざまな名前が付けられている。

　我々と恒星の間の距離は極めて大きく、通常の天体望遠鏡ではどんなに倍率を上げても点にしか見えない。夜空に見える恒星は瞬いて見えるが、それは点状の光源から来るわずかな光が大気のゆらぎで曲げられるためである。我々の近くにあって見かけの大きさが大きな惑星は瞬きをしないので恒星と区別しやすい（見かけの大きさが大きいといっても肉眼で形がわかるほどの大きさではない）。

　恒星を宇宙の構成要素として捉えた場合、3 つの種族に分類される。1 つめは銀河系の円盤近くに分布している種族 I の恒星である。種族 I の恒星は銀河面に対して垂直方向の速度成分が小さく、円盤内を周回しているものが多い。我々の太陽も種族 I の天体である。

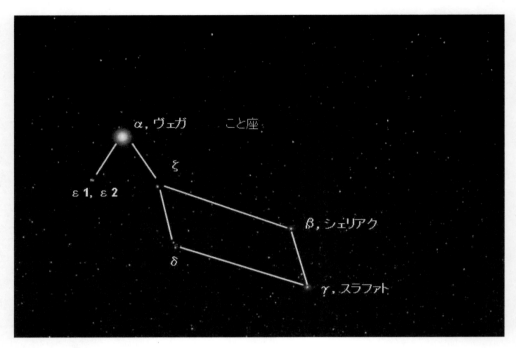

図1 こと座の主な恒星の名前
このように明るい恒星のほとんどには星座にまつわる神話にちなんだ名前が付けられている。(徳島
大学天文部アストロラーブ撮影)

　種族 II の天体は銀河面に対して垂直な成分の速度成分が大きいという特徴がある。球状星団は種族 II
に分類される天体で、銀河のハロー部分に多数分布している。種族 II の天体に含まれる物質の組成は種
族 I とは大きく異なり、重い元素が少ない傾向にある。重い元素とはリチウムよりも重い元素のことで、
天文学の分野では水素とヘリウム以外の元素はすべて金属としてまとめてしまっている[*1]。太陽は種族 I
の恒星であることを説明していたが、金属の比率は 2% 程度である。恒星における金属の比率を金属量
(metallicity) と呼び、恒星の進化の度合いを表す指標に用いられる。金属量は恒星内部の水素とヘリウ
ム以外のすべての元素組成がわからなければならないので代表して鉄の比率で metallicity を求めている
ことが多い。これは鉄の存在比率は恒星の分光観測によって容易に求められるためである。Metallicity
は太陽内の鉄の比率と比較して次式で求められる。

$$[\mathrm{Fe/H}] \equiv \log_{10}\left(\frac{N_{\mathrm{Fe}}}{N_{\mathrm{H}}}\right) - \log_{10}\left(\frac{N_{\mathrm{Fe}}}{N_{\mathrm{H}}}\right)_{\mathrm{Solar}} \tag{1}$$

ここで、$\frac{N_{\mathrm{Fe}}}{N_{\mathrm{H}}}$ は恒星内の水素に対する鉄の存在比、添字の Solar は太陽内の存在比を表している。太陽よ
りも金属量の少ない天体は負の値になり、多い天体は正の値になる。
　最近注目されている種族 III の天体は、種族 II の天体と似たような場所に存在するが、大きな違いと
して金属量が極めて小さいことが挙げられる。そのため種族 III の天体は宇宙の最も初期に作られた恒
星ではないかと考えられている。種族 III の天体のうち極めて質量の大きい天体は非常に速く進化し、超

[*1] 他の分野とは大きく異なる定義のしかたなので注意しておこう。

新星爆発を起こして宇宙空間に重い元素をばらまいた。大質量の天体が爆発した時に放出されるエネルギーは一般の II 型超新星よりも大きく、hyper nova(極超新星) に分類される。人工衛星によって詳細に観測されている γ 線バーストは極超新星であると考えられている。

惑星系

　惑星系は恒星を中心としたシステムであり、恒星の重力によって束縛された天体の集団である。我々の太陽を中心とする惑星系を太陽系と呼ぶ。太陽系には 8 個の惑星と多数の準惑星、小惑星、彗星および無数の塵やガスがある。8 個の惑星のうち、太陽に近い順に水星、金星、地球、火星の 4 つは星の主成分が岩石でできており、地球型惑星と呼ばれる。それに対して遠方にある木星、土星、天王星、海王星はガスが主成分であり、木星型惑星と呼ばれる。木星と火星の間には多数の小惑星が分布しており、いくつかの大きな小惑星は双眼鏡や小さな望遠鏡で観測することもできる。

　冥王星は 1930 年にアメリカの C. トンボーによって発見された天体で、当初から 9 番目の惑星として数えられていた。ところが、21 世紀になって観測技術が向上すると、冥王星付近に多数の似たような大きさの天体が発見されるようになり、惑星の分類について議論が起こった。惑星の数を増やそうとする意見と、惑星の数をむやみに増やす必要はないという意見が対立していたが、2006 年の IAU 総会で審議され、多数決で惑星の数を制限する方向で決まった。

　惑星をもつ恒星は我々の太陽だけではないと考えられてきた。太陽は主系列星のなかでも平均的な恒星であり、似たような恒星が無数にあるからだ。太陽系以外の惑星系の探索はさまざまな方法で行われている。トランジット法という探索方法では、恒星の手前を惑星が通過することによって恒星の明るさが周期的に暗くなることを観測して惑星の有無を調べる。ただし、この方法でみつかる惑星は木星程度の非常に大きな惑星に限られる。生命が存在しうる惑星の発見はまだまだ先のようである。

星雲と星団

　星雲は夜空に見えるぼんやりとした天体で[*2]雲のように見えることから「星雲」(nebula) と呼ばれている。雨を降らせたり天体観測の敵になる雲とはまったく別のものである。雨を降らせる雲は地球の大気圏で起こる現象で、数百 m から遠くても 10 km 程度の範囲で起こっている現象であるのに対し、星雲は数百光年から数十億光年という途方もない遠方に存在する天体である。

　星雲には光を発する仕組み、構造によっていくつかに分類される。散光星雲は濃いガスの塊が近くの恒星によって加熱されて輝いている天体で、水素が加熱されて赤い光を発している。図 2 はオリオン座にある M42 (メシエ 42) である。M42 の内部や周囲にはこの天体を構成するガスを起源にして誕生した多数の若い恒星があり、M42 を加熱して赤く光らせている。

　反射星雲は濃いガスの塊の近くにある明るい恒星の光を反射して輝いている天体で、恒星の色を反映した色で輝く。M78 (メシエ 78) などが有名である。

　惑星状星雲は他の星雲とは見え方が異なり、望遠鏡などで倍率を上げても綺麗に見える。他の星雲は倍率を上げると暗くなってしまってかえって見えづらくなってしまうが、惑星状星雲は惑星のように倍率を上げて観察することができるために「惑星状星雲」と命名されている。

[*2] 筆者が観望会で解説するときには、星雲の見え方は「モヘっとした見え方」と説明している。観望会に参加されている方は初めは何のことやらといった表情で望遠鏡を覗きこまれるが、その後「確かにモヘですね」とおっしゃっていただけている。

図2　散光星雲 M42 と M43
まるで火の鳥のような星雲で、大きな羽根を広げたように見える部分が M42、鳥の頭部のように見える部分が M43。M42 の最も明るい部分にトラペジウムがある。（筆者撮影）

　惑星状星雲の実体は恒星の死骸である。恒星中心部の核融合反応が停止してしまった恒星は中心部が重力で収縮して白色矮星を作り、外層のガスを宇宙空間に放出してしまう。放出されたガスが予熱で輝いているのが惑星状星雲である。図3に M57 の写真を示す。リングの中心にある白色矮星から放出されたガスが輝いている。

　星団とは数十個以上の恒星が1か所に集中して集まっている天体である。集まり方によって散開星団と球状星団に分類される。ひとまとめに星団と呼ばれるが散開星団と球状星団とは大きな違いが見られる。

　散開星団は若い恒星の集団である。濃いガスの塊の中で多数の恒星が一時期に集中して誕生した結果、ガスの中から多数の恒星が現れて散開星団となった。図2には濃いガスの中から恒星が誕生しつつあるところが観測できる。M42 の中心部に見られる4つの恒星 (トラペジウム) は誕生直後の恒星たちである。これらの若い恒星に熱せられたガスが光を発して赤い色の散光星雲になっている。

　濃いガスが恒星に取り込まれたり吹き飛ばされたりして視界が開けると、散開星団の星々がすべて見えるようになる。その途中経過になっている星団が図4である。これはプレアデス星団と呼ばれる散開星団であるが、恒星にまとわりつくように青い星雲が見られる。この星雲が青いのは高温の恒星が発する光を反射しているためで反射星雲と呼ばれる。

　球状星団は恒星の数、年齢ともに散開星団とはまったく対照的である。球状星団では100万個を超える恒星が数光年の狭い領域に集中している。また、構成される恒星はどれも小質量の恒星でその年齢は130億歳を超えている。宇宙の年齢よりも年老いた天体は存在し得ないので、球状星団の年齢は宇宙の年齢を測る上で重要な鍵となっていた。図5に示す球状星団はヘルクレス座の M13 である。

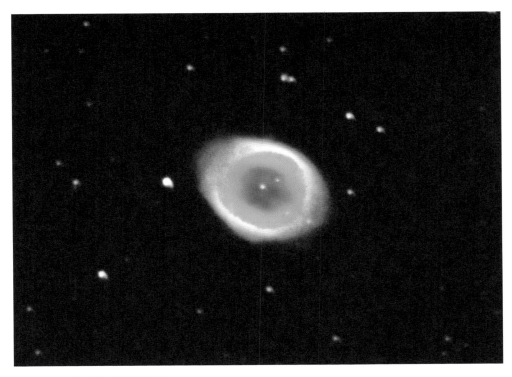

図 3　こと座のリング状星雲 M57
中心にある白色矮星から放出された高温のガスがリング状に輝いて見える。（筆者撮影）

　散開星団と球状星団とは銀河系内の分布でも違いがある。散開星団は銀河面に近い領域に多く、種族 I に分類されるが、球状星団は種族 II に分類される。

銀河

　銀河は数億個以上の恒星、およびその周辺の天体、ガスの集団である。我々の太陽系も天の川を作っている銀河系の中に存在しており、他の銀河系と区別するために我々が住んでいる銀河のことを「天の川銀河」と呼ぶ。我々は巨大な銀河系を内部から見ている。そのため、夜空には天の川と呼ばれる恒星の大集団が空を一周しているように見られる[*3]。図 6 に天の川銀河を撮影した写真を示す。街の光害が無いところに行くと肉眼でも天の川を綺麗に見ることができ、よく見ると天の川には明るい部分と暗い部分があることに気づく。明るい部分は無数の恒星の集まりで、低倍率の双眼鏡で眺めると素晴らしい光景を堪能できる。暗い部分は恒星が無いのではなく、濃いガスの塊によって星の光が遮られているために可視光線では暗く見えるだけである。暗い部分は可視光線よりも波長の長い赤外線では逆に明るく見える。

　天文学者は長い年月の観測から我々の太陽系は天の川銀河の中心からおよそ 10 kpc 程度離れたところ

[*3] これは北緯 40 度から南緯 40 度までの地域で見られる。日本では春に天の川を全部見ることができるのだが、その時には天の川は地平線上を一周している。そのため、現実には一周囲まれていることを実感することは困難である。

図4　M45 プレアデス星団
非常に若い恒星の集団で、明るい恒星の周りに反射星雲が薄く見られる。（筆者撮影）

にいることを明らかにした。また、夜空に観測される銀河も前述の星雲とは発光原理も距離も大きさも大きく異なることがわかった。

多数の銀河を分類してみると、渦を巻いた腕を持つものと、腕がなくて楕円形になっているものに大別される。ハッブルは銀河系の形を分類し、楕円銀河を E、渦巻銀河を S、棒渦巻銀河を SB として整理した。楕円銀河は、円形から細長い楕円形までさまざまな形を E0 から E7 まで分類している。E0 は我々から見た形が円形になっているものである。渦巻銀河と棒渦巻銀河は渦の開き具合によって a から c まで分類している。a は渦がバルジに近接しているもの、c は渦がバルジから大きく離れているものである。この分類は銀河系の進化とは関連がないが、楕円銀河には年老いた恒星が多い一方、渦巻銀河には若い恒星が多いことと超新星の発生率が高いという特徴が見られる。

銀河の形は上記のような形が決まったものばかりではなく、不規則な形のものも多い。不規則銀河は Irr という記号で分類されているが 2 種類に大別される。ひとつは非常に小さな銀河で、近くにある大きな銀河によって変形を受けているものである。地球から観測できる有名な矮小銀河は大小のマゼラン星雲である。これらは我々の銀河系による重力場に束縛された矮小銀河で、大きな重力場によって変形を受けているものである。もう一つは活動銀河というもので、大きさは我々の銀河と同等程度のものである。中心部に巨大なブラックホールがあり、それが作る降着円盤から莫大なエネルギーを放出している。ブラックホールから噴出するジェットなどの影響で変形して見えることが特徴である。

我々の銀河系の形は、棒渦巻き型であることがわかっている。これは、銀河内の恒星および木星よりも少し重い褐色矮星の分布を観測して 21 世紀はじめに明らかになったことである。渦巻き型と棒渦巻き型は、いずれも恒星やガスが中心部に球状に集中するバルジ (Bulge) と外縁部に広がる円盤 (Disk) お

図5　球状星団 M13
非常に年老いた恒星の集団である。初夏の夜空に双眼鏡でも見ることができる。（筆者撮影）

および外縁部に球状に希薄に分布するハロー (Halo) で構成されている。　円盤の広がる面を銀河面と呼び、銀河の中心から銀河面に垂直な方向を銀河の北極、南極と称する。我々の銀河の北極はかみのけ座付近、銀河の南極はちょうこくしつ座付近に位置し、恒星や星間物質が少ないため宇宙の遠方を観測することができる領域である。

銀河団・銀河群

　銀河も恒星と同様に群れる傾向がある。我々の銀河は、大小マゼラン銀河、しし座方向に見える矮小銀河群、隣の銀河として有名なアンドロメダ大星雲 M31 とその伴星雲 M32 と M110、さんかく座の M33 などと集団を作っている。これらの銀河たちは単に集まっているだけではなく、重力によって引き合っていて互いの運動に影響を与えている。

　比較的少数の銀河の集団を銀河群、多数の銀河の集団を銀河団という。先に説明した我々の銀河を含む小規模な集団は局所銀河群という。局所銀河団を構成する銀河は 40 個程度だが、1000 個以上の銀河を含む大規模な集団がいくつも見つかっており、銀河団と呼ばれている。銀河団の名称はその銀河団が見える方向に位置する星座で呼ばれている。おとめ座銀河団はおとめ座の方向に見える銀河団で、我々の銀河からおよそ 15〜20 Mpc の距離にある。他にはかみのけ座銀河団、大熊座銀河団などが春に、ちょうこくしつ座銀河団が秋に見られる。

　銀河群、銀河団ともに互いに重力場で影響を与えていることは述べたが、重力場の強さは銀河団に存在する物質量に比例して強くなる。銀河団に所属する銀河が重力場の中を運動する速さは重力場の強さ

によって決まる (付録：ビリアル定理)。この方法で求められた質量は重力的質量と呼ばれており、宇宙暗黒物質の存在を示すために重要なパラメーターとなっている。

　ここで、集団における個々の銀河の速度をどのようにして平均するか説明しておこう。N 個の銀河で構成される集団があり、その中に含まれる i 番目の銀河の速度が v_i で表されるとしよう。一般的な計算方法で平均を求めると、

$$\frac{1}{N} \sum_{i=1}^{N} \boldsymbol{v}_i \tag{2}$$

を求めることになるわけだが、これはいけない。なぜなら、単純な速度ベクトルの和は銀河団全体の運動速度を反映しているにすぎず、銀河団全体の運動は銀河団に含まれる全質量とは無関係だからである。集団内部の個々の速度ベクトルは互いに反対向きの成分をもつ銀河同士の運動で打ち消される。その影響をなくすには速度を 2 乗してから足しあわせればよい。最終的に速度の単位で表す必要があるので、足しあわせた結果の平方根を求めれば集団の速度に関する情報が得られる。具体的な計算式は

$$\sqrt{\langle v^2 \rangle} = \sqrt{\frac{1}{N} \sum_{i=1}^{N} \boldsymbol{v}_i^2} \tag{3}$$

となる。$\langle v^2 \rangle$ は統計学の分散を求める式と同じで速度分散と呼ばれる。

　速度分散と銀河団に含まれる物質の質量との関係式から重力質量を求めると、銀河系の電磁波放射をする物質の質量に対して 10 倍以上の質量が存在することが明らかになった。これは電磁波を放出も吸収もしない暗黒物質が電磁波を放出したり吸収したりする明るい物質 (日本語では適当な訳がないような気がする。英語では luminous matter) に対して 10 倍以上の割合で存在することを示す。宇宙暗黒物質に関する詳しい話は後の「宇宙暗黒物質」の章で解説する。

大規模構造

　銀河の分布を数百 Mpc の広さでプロットしていくと、銀河が多数集まっている部分と銀河の数が少ない部分があることに気づく。遠方の銀河までの距離を正確に測定することは極めて困難なため、通常は赤方偏移 z を用いて距離としている。ハッブルの法則を用いれば、赤方偏移 z から後退速度 v を求めて

$$v = Hr \tag{4}$$

より距離 r を求めることができる。ただし、ハッブル定数 H は観測で決まる物理量であり、最近になってようやく精密な値を決めることができるようになってきた。そういったわけで、遠方の銀河では観測から直接求めることができる z を距離の代わりに使うことが多い。

　地球から観測した方向と赤方偏移 z(距離のことである) をプロットする大規模な観測は SDSS (http://www.sdss.org) や 2dF (http://2dfgrs.net) という大規模な観測プロジェクトによって行われ、大規模構造の様子が明らかになってきた。その結果、銀河が集中している部分がある一方で、銀河の数が非常に少ない空洞のような領域があることがわかった。この空洞のような領域はボイド (void) と呼ばれている。ボイドができる原因は、重力による作用で明確に説明できる。単純な説明ではあるが、初めに物質の多い部分と少ない部分との不均一が生まれる。物質の多い部分は周囲よりも重力が強いために周囲の物質を集める。その結果、さらに物質が集中してより強い重力で周りの物質を取り込んでいく。物

質が集中している領域があるということは、物質が奪われてしまった領域が発生するということにほかならない。

　このような過程を経て物質が非常に少なくなり、銀河がほとんどなくなってしまった部分がボイドである。銀河が網の目のように分布し、その間にボイドが作られるという宇宙進化の様子は、最近になってコンピューターシミュレーションを用いて計算できるようになった。国立天文台のグループが開発したコンピューターは数億個にのぼる物質同士の重力を計算し、物質の運動をシミュレートすることができる。その結果は国立天文台のホームページで公開されているのでぜひ見てみることを勧める (http://4d2u.nao.ac.jp)。

　宇宙の大規模構造においては、宇宙空間の構造および物資の構成がパラメーターとして考慮される。その結果、現在観測されている宇宙を最もよく再現する宇宙の構成は、原子 5%、未知の宇宙暗黒物質 26%、未知のダークエネルギー 69% となっている。この値は今後の詳細な観測で修正される可能性があるが、我々が日常眼にする物質は宇宙の主成分ではないということは注目すべきことである。

図 6　オーストラリア北部で撮影された天の川の写真 (阿南市科学センターの堀寿夫氏撮影)

第Ⅰ部

恒星

第1章

恒星の種類

夜空にはさまざまな明るさや色の恒星がある。これらの違いの原因を探ることによって恒星の進化を詳細に知ることができる。本章では恒星の明るさ、色の起源について紹介する。

1.1 恒星の明るさ

夕方、空がしだいに暗くなっていくとき、明るい星から順番に「一番星」「二番星」と順位をつけていったことがあるだろう。金星 (宵の明星) や木星が夕方の空に輝いているときには恒星が一番星になることはないが、季節によっては恒星が一番星の栄誉に輝くことがある。

恒星に限らず、空に見える天体は太陽も含めてその明るさを等級で表している。人間の眼は明るさに対して極めて幅広い範囲にわたる感度を持っていて、太陽光のような強烈な明かり、夜空の星のような微弱な明かりでも明るさの違いはよく区別できる。測定装置がない時代でも、星を明るさの違いによって分類し、一番明るい星を 1 等星、肉眼で見ることのできる最も暗い星を 6 等星として 6 段階に分けていた。

標準的な視力を持つ大人の肉眼で見られる最も暗い天体の等級は 6 等であるとされている。これは、網膜にある光を感じる細胞の感度と、瞳の直径によって決まる。瞳の直径は周囲の明るさに応じて変化し、明るいところでは小さくなっているが、暗いところにしばらく居ると広がってくるため、しだいに暗い天体を見ることができるようになる。人間の瞳はすぐには大きく開かないので、夜、明るい部屋から暗いところに出てもすぐには星は見えない。徐々に眼が慣れる (暗順応という) までには、およそ 10 分程度の間、眼を慣らさなければならない[*1]。

自分の眼でどれくらい暗い星が見えているかを調べるためには、星図と比較して見ればよい。星図に描かれている恒星と見えている恒星を比較すればよい。眼のよい人は最良の条件の星空で 6 等級の星を見ることができる。都会の明るい空では 2 等級または 3 等級程度の明るい星しか見られない。光害の対策が望まれる。

昔から決めていた等級を精密に測ってみると、1 等星は 6 等星のおよそ 100 倍の明るさを持ち、1 等級明るくなるごとに光の強さは約 2.5 倍になることがわかった。さらに、1 等よりも明るい恒星がいくつか存在し、その場合は 0 等、−1 等と、負の数を持つ等級で表す。太陽の明るさは約 −27 等であり、満月の明るさは約 −13 等である。

[*1] 流星群が活発な夜に、「流れ星を見ようと思って外にちょっと出てみたけど何にも見えなかった」と言う人が多数居る。外にちょっと出てみても目が慣れていないので見えるわけなどないのである。

　天体の明るさは、現代では CCD(Charge Coupled Device) で測定されている。CCD は入射した光の明るさに比例した大きさの電流信号を得ることができるので、明るさを測定するのに適している。星の等級は明るさの基準になる恒星 (標準星) を決め、標準星との明るさの比較を行って次の式によって決定する。

$$M = m_0 - 2.5 \log_{10} I \tag{1.1}$$

ここで、M は星の等級、I は CCD で測った明るさ、m_0 は標準星の等級を表す。人間の眼では、熟練した人でも 0.1 等の精度でしか等級を測ることができないが、CCD 測光技術の利用によって最近は 0.01 等の精度で測られている。夜空に見える最も明るい恒星は、おおいぬ座のシリウスで −1.46 等である。

　我々が観測している恒星の明るさが明るくても、その恒星は他の恒星に比べて真に明るいとは限らない我々が観測している恒星の明るさは、「見かけの明るさ」であり、恒星の見かけの明るさは、恒星自身の真の明るさと恒星と地球との距離によって決まる。恒星の真の明るさは、その恒星から 10 pc(パーセク) 離れたところから観測した明るさを式 (1.2) によって計算して求める。恒星の明るさは、その天体からの距離の 2 乗に反比例して暗くなるため、真の明るさを I_0、恒星と我々太陽系の距離を R とすると、見かけの明るさ I は、

$$I = I_0 \left(\frac{10}{R} \right)^2 \tag{1.2}$$

という式で与えられる。この関係を式 (1.1) を用いて等級に換算すると、

$$M_{\mathrm{abs}} = M - 5 \log_{10} R + 5 \tag{1.3}$$

という式になる。この式で求められる等級 M_{abs} を絶対等級という。恒星の真の明るさは絶対等級を用いて比較する。遠い恒星は、地球までの間に存在する物質 (星間物質という) のために少し暗くなっているので、その補正をして絶対等級を求めている。

　多くの恒星はその明るさが変化してしまう変光星である。周期的に明るさが変化する恒星も多数ある。このような恒星の等級は、一般に最も明るいときの等級を代表値として用いている。突然明るくなって、しばらくの後にもとの明るさに戻ってしまう恒星を新星 (nova) という。あたかも新しく生まれた恒星のような呼び名であるが、実際はそうではない。特に明るくなる超新星 (super nova) は恒星の一生の終わりに大爆発が起こってほとんど全体が吹き飛んでしまう現象である。新星や超新星に関する詳細は 3.4 で解説する。

1.2　恒星の色

　夜空にはさまざまな色の恒星があり、肉眼で見ても飽きることのない美しさである。この美しい色は、恒星表面の温度で決まっているのである。すべての物体は、その表面温度に対応した波長をもつ電磁波を発している。電磁波はその波長によってさまざまな名称を持ち、日常生活でも広く活用されている。図 1.1 において、左ほど波長は短くなり、エネルギーが高くなる。光の波長 λ と光がもつエネルギー E との間には

$$E = \frac{hc}{\lambda} \tag{1.4}$$

という関係がある。ここで h はプランク定数、c は真空中の光速である。紫色の光よりも波長が短かくて眼に見えない電磁波を紫外線と呼ぶ。それよりも波長が短い電磁波は X 線、γ 線と呼ばれている。X

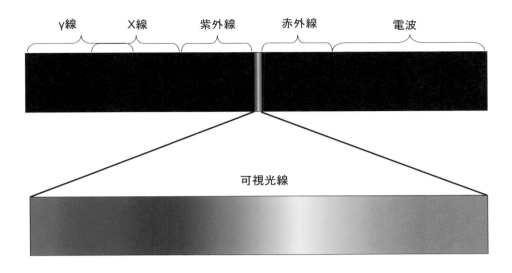

図 1.1　波長と電磁波の呼称との関係
図の上側に見られるように、ほとんどの電磁波は人間の眼には見えない。

線、γ 線は発生源の違いによって分類されている。赤色の光よりも波長が長い電磁波は赤外線と呼ばれている。電波にはさまざまな分野で実用されている電磁波の波長があり、例えばマイクロ波、テラヘルツ波、UHF など波長によって細かい名称で分類されている。

　式 (1.4) より、青い恒星から発する光はエネルギーが高いということになる。つまり、青い恒星は温度が高く、赤い恒星は温度が低いという関係が成り立つ。恒星の色も肉眼で見るよりも精密な方法が採用されていて、可視光全体で測った時の等級 (V 等級、V は Visual の頭文字) と、青いフィルターをつけて青い光だけで測ったときの等級 (B 等級、Blue の頭文字) を引き算した B−V を使って色を表す。B−V が大きいと赤い色、小さいと青い色である[*2]。例えば、青白くて美しく輝く乙女座のスピカは、実視等級 (V 等級) が 0.98 等であるのに対し、色指数 (B−V 等級) は −0.23 である。赤い星で有名なアンタレスの実視等級は 1.06 等で、色指数は 1.83 と大きい値になっている。

　恒星の色と表面温度の関係は、黒体輻射の理論によって説明されている。黒体 (black-body) とは、それ自身はまったく光を反射しない物体のことである。日常生活の中で見られる多くの色は、その物体が強く反射する光の色によって決まる。赤い服は赤い光を強く反射する素材 (布や糸) で作られた服であり、黒い服はあらゆる光を吸収してしまう服である。黒い服を夏の暑いときに着ていくとよけいに暑くなってしまうのは、黒い服が日光のエネルギーを全部吸収してしまうからである。

　その一方で、あらゆる物体はその物体の温度に応じた光を放射する。物体が黒体であれば、物体から来る光は黒体輻射のみになる。実際にはそのような理想的な条件は困難であるが、宇宙にはそのような例があり、例えば宇宙背景輻射 (6.1.2 参照) は理想的な黒体輻射である。黒体輻射によって放射される光のうち、最も強く放射される光の波長は低温では長く、高温になると短くなる。高温に熱せられた黒炭が真っ赤 (時には橙色) に輝くのは黒体輻射で最も強く放射される光の波長が赤 (もしくは橙) に対応しているからである。もう少し低温になると見た目は明るくないが熱く感じる。これは黒炭から放射される黒

[*2] 明るくなると等級が小さくなるので混乱するかもしれない。少なくとも筆者は混乱した。

体輻射の波長が長くなって可視光の領域からはずれ、赤外線を強く放射するようになったからである[*3]。

　温度 T の黒体から放出される電磁波の波長を λ、その強度を $F(T, \lambda)$ とすると、黒体輻射の強度分布関数は

$$F(T, \lambda) = \frac{8\pi hc}{\lambda^5} \frac{d\lambda}{\exp\left(\frac{hc}{k_{\mathrm{B}}T\lambda}\right) - 1} \tag{1.5}$$

となる。これは天体からくる電磁波の波長を観測するときに有用な式であるが、もしも電磁波の振動数 ν を観測するならばその強度分布関数はつぎのようになる。

$$F(T, \nu) = \frac{8\pi h}{c^3} \frac{\nu^3 d\nu}{\exp\left(\frac{h\nu}{k_{\mathrm{B}}T}\right) - 1} \tag{1.6}$$

式 (1.5) から式 (1.6) への変換では電磁波の波長 λ と振動数 ν との間の関係 $\lambda\nu = c$ を用いた。また、k_{B} はボルツマン定数で温度とエネルギーの変換係数である。

　最も強く放出される電磁波の波長は Wien の変位則という関係式

$$T\lambda = 2.897\,8 \times 10^{-3}\ \mathrm{K \cdot m} \tag{1.7}$$

から求めることができる。この式から、天体の温度が高くなるほど最も強い電磁波の波長が短くなることがわかる。高温の恒星は青く、低温の星は赤く光るということが式 (1.7) から導かれる。

　例えば身近な恒星である太陽の場合、放射される光のうち最も強い波長は、$\lambda = 4.80 \times 10^{-7}$ m$=$ 480 nm の青色であることから、その表面温度は約 6 000 K であることがわかる。ところが実際の太陽を直接見ても青くは見えない。これは、太陽が青色以外にも黄色や赤色などの幅広い波長にわたってさまざまな色を出しているからである。そのため、眼で見た太陽はほとんど白く見えるが、大気によって青色が散乱された結果少し黄色っぽく見える。

1.3　恒星の色とスペクトル型

　恒星から発せられる光波長の強度分布を詳しく見ると、いくつかの暗線が見られる。これは、恒星の大気に含まれる物質のイオンによって恒星から発せられた光が吸収された結果現れる暗線である。光を吸収するイオンの種類によって恒星に存在する物質と温度がわかる。恒星から発せられる光の波長スペクトルには、黒体輻射の連続スペクトルと、特定の元素から発せられる輝線 (明るい単色の光) や、特定の元素から単色光が吸収されたためにできる吸収線 (フラウンホーファーの吸収線) が見られる。観測されるスペクトルの種類によって恒星のスペクトルは O、B、A、F、G、K、M、R、N、S という系列に分類される。それぞれの型はさらに 0 から 9 に 10 分割されていて連続的に変化している。恒星のスペクトル型と温度やスペクトルの特徴を表 1.1 に紹介する。

1.4　ヘルツシュプルンク・ラッセル図

　前節で紹介したように、恒星のスペクトル型と恒星の表面温度は良い対応関係を示している。恒星の表面温度と絶対光度の関係を求めたのはヘルツシュプルンク (Hertzsprung) とラッセル (Russell) で、横

[*3]　体温の高い人が近くにいると暑く感じるのはその人から放射される黒体輻射のせいである。体温を手早く測定する装置は人体から放出される黒体輻射の波長を測定している。

表 1.1 恒星のスペクトル型とその特徴

型	表面温度 (K)	スペクトルの特徴	代表的な恒星
O	50 000	He II, Si IV が強い	オリオンの三ツ星
B	25 000	He I, Si III が強い	スピカ、リゲル
A	11 000	H I, Si II が強い	ベガ、シリウス
F	7 600	H I, Ca II が強い	プロキオン
G	6 000	Ca II, Fe I が強い	太陽
K	5 100	中性金属による吸収帯	アルクトゥルス、アルデバラン
M	3 600	中性金属による吸収帯	アンタレス、ベテルギウス
R, N	3 000	CN など、炭素が多い	
S	3 000	Zr などが多い	

軸に恒星の表面温度、縦軸に恒星の絶対光度をプロットした。現在ではヘルツシュプルンク・ラッセル図、略して HR 図と呼ばれ、恒星の表面温度は B–V を用いた色指数で表すことが多い。図 1.2 に、HR図の概略図を示す。図の横軸は表面温度を表し、右にいくほど表面温度が低くなり、左にいくほど表面温度が高くなる。縦軸は絶対等級である。『天文年鑑』(誠文堂新光社:毎年 11 月に出版) には主な恒星の明るさと距離が示されているので、その表をもとに読者も同じプロットを自力で製作することを勧める。この図では大きく 3 つのグループが見られることに注目してほしい。図の左上から右下に向かってカーブを描いている一連の恒星がある。これは主系列星 (Main sequence) と呼ばれる恒星である。図の右上に広く分布している恒星がある。これらは赤色巨星 (Red giant) と呼ばれる恒星である。また、左下に分布する暗くて高温の恒星は白色矮星 (White dwarf) と呼ばれる恒星の残骸である。以降でそれぞれの天体について解説する。

1.4.1 主系列星 (Main sequence star)

主系列星は恒星の中心部で水素を原料としてヘリウムを合成している恒星である。水素は大量に存在するため、恒星は一生の中で最も長い間この時期を経験する。そのため、観測される多くの恒星は主系列に属する。質量の大きい恒星は中心部の核融合が活発であるため、発生する熱量が大きく表面温度は高温になる。また、表面積が大きくなるため光度も大きくなる。このような大質量の恒星は HR 図では左上に位置する恒星となる。一方で質量の小さい恒星は核融合が穏やかに進むため、表面温度が低くなる。さらに表面積が小さいために光度が小さくなり、HR 図の右下に位置する。このようにして主系列星は左上から右下に連なる一連の恒星群として HR 図に表示される。我々の太陽は G 型の主系列星で、HR 図ではほぼ中央に位置する。

1.4.2 赤色巨星 (Red giant star)

恒星が年老いて水素を燃焼し尽くすと中心部の核融合反応は穏やかになってしまい、中心部の圧力が低下する。これに伴って恒星外部の物質が重力によって落下し、恒星中心部の温度を再び上昇させる。恒星内部の温度が十分に上昇するとヘリウムが核融合反応を起こして炭素を作る反応が始まる。中心部

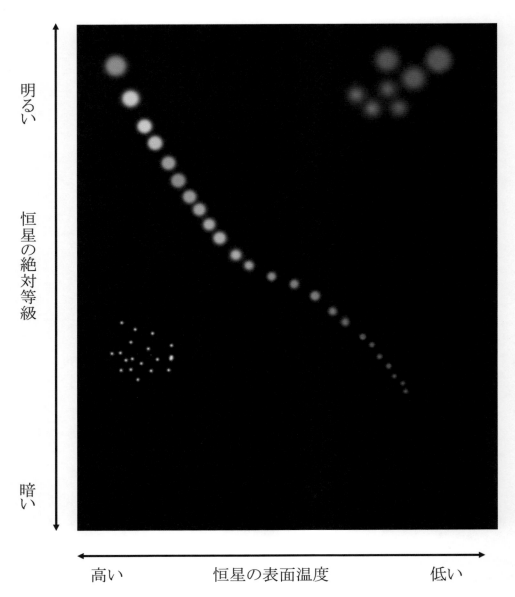

図 1.2　**HR 図の概略**
左上から右下に並ぶ恒星が主系列星、右上の明るくて温度の低い恒星が赤色巨星、左下の暗くて高温
の恒星が白色矮星である。

の温度は再び上昇して数十億度に達するため恒星の外層部は膨張し、主系列星の数百倍から数千倍の大
きさになる。このような大きさでは表面における単位面積あたりのエネルギー放射率は小さくなってし
まうため、表面温度が低下して赤くなってしまい、赤色巨星となる。

1.4.3 白色矮星 (White dwarf star)

　燃料が尽きてしまったため、恒星の中心部で進んでいた核融合反応が止まってしまった恒星は、徐々に温度を下げていく。これらの恒星は中心部の圧力が低くなってしまったため、その半径は極めて小さくなってしまう。そのため表面の温度は高くなり、数万度の高温になっている。白色矮星は惑星状星雲の中心部に見られることが多い。惑星状星雲は、核融合反応が止まってしまった恒星が外層のガスを周囲にまき散らしてできた天体で、中心の白色矮星が発する強力な紫外線によって外周のガスが輝いて見える。

1.4.4 HR 図と恒星の進化

　HR 図をプロットしていくと、主系列星の比率が極めて大きいことにすぐに気付くであろう。これは、恒星はその一生の中で主系列星として輝いている期間が最も長いことを示している。後の章で詳しく解説するが、恒星が誕生した後、速やかに主系列星となり、その後白色矮星になるもの、赤色巨星を経て白色矮星になるもの、赤色巨星を経て超新星爆発により中性子星やブラックホールになるものなどがある。

　星団に含まれる恒星の HR 図を見れば、その星団の年齢がわかる。星団の恒星はもともと 1 か所に集中していたガス雲からほとんど同時に発生した多数の恒星の集団である。そのため、地球から同じ距離にすべての恒星が位置するため HR 図を描くための絶対等級を決めやすい。主系列星のうち質量の大きいものは早いうちに水素の燃焼を終えて赤色巨星になっている。

　さまざまな質量を持つ恒星で構成されている星団では、軽い恒星は主系列に残っており、いくつかの大質量星は赤色巨星の領域に移動してしまった結果、途中で折れ曲がった主系列と赤色巨星の 2 種類の恒星で成り立っている。図 1.3 では、いくつかの代表的な星団の HR 図を示す。主系列の折れ曲がり点が下側になるほど年老いた星団である。主系列星になる前の原始星や、赤色巨星へ移行する段階は恒星の進化の過程では極めて短い時間で経過するため、あまり多く存在しない。最近は大型の望遠鏡で高い精度の観測が行われるようになったため、恒星誕生の瞬間などの貴重なデータが集まりつつある。国立天文台のホームページには、最新の観測結果が公表されているのでぜひ参照することをお勧めする (http://www.nao.ac.jp/)。

問題

1. 恒星の進化の途上で、恒星 HR 図上のどのような場所に存在するか、恒星の進化を追ってその位置を説明せよ。
2. 星団の年齢は、その星団を構成する恒星の HR 図を描くことによって推定することができる。その原理を説明せよ。
3. 図 1.3 の h+χ Persei、M41、M11、M67 はどんな天体かを調べてみよ。またその年齢はどの順序で年老いているかを推測せよ。

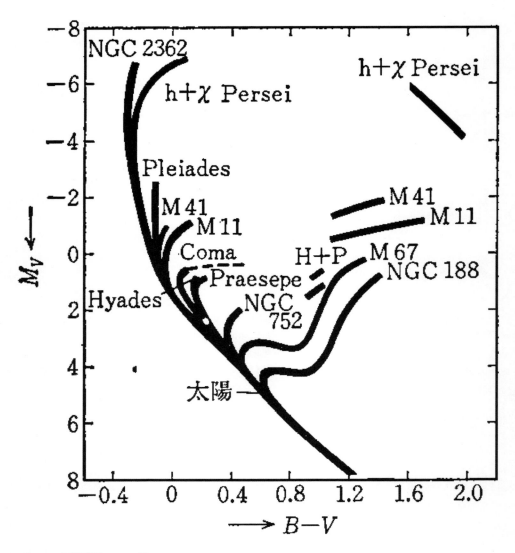

図 1.3　各種星団の HR 図
主系列の折れ曲がり点の位置を比べてみるとよい（岩波講座　現代物理学の基礎［第 2 版］11『宇宙物理学』、湯川秀樹、林忠四郎、早川幸男著、岩波書店、1978 年）p23 に記載の図）。

第 2 章

太陽

2.1 太陽の表面

　太陽の表面を観察するには十分な注意が必要である。肉眼で直接太陽を見ることも危険なので絶対に直視してはいけない。肉眼で太陽を直視した場合にはおよそ 30 秒で網膜にダメージが生じる。日食が起こるたびに、太陽を見るための適切なフィルターを使用せずに太陽を観察したために視力に深刻なダメージをうける「日食網膜症」になってしまう人が多数見られる。ましてや、望遠鏡や双眼鏡で太陽を直接のぞくようなことは決してしてはならない。専門家や経験者の指導のもとに正しく望遠鏡などを操作してもらって観察する必要がある。一般公開している天文台の中には昼間に太陽が観察できる施設があるので、問い合わせて観察に行くとよい。

　太陽の一番輝いている部分は「光球」と呼ばれている。光球の表面温度はその色から求めることができ、6 000 K である。光球を観察すると、周辺よりも温度が低いために黒く見える「黒点」がいくつか見られる。黒点の温度は光球よりも低い 4 500 K である。黒点は太陽の他の部分よりも暗いために黒く見えているだけで実際には 4 500 K の黒体輻射に従って光を放っている。黒点の数は永年にわたって観測されていて 11 年の周期で増減を繰り返していることが知られている。黒点の数が多い時を極大期、少ない時を極小期と呼ぶ。

　皆既日食のようにうまく光球だけが月に隠されると月の周囲に太陽の外層部分が見られる。通常は光球の明るさのために見られない外層部分は、彩層と呼ばれている。他に光球から明るい炎の柱が噴出しているように見られる紅炎 (プロミネンス) が見られることがある。プロミネンスは太陽表面の大規模な爆発で、数分から数十分の間に数千万度から数億度にまで温度が上昇し、強力な放射線 (陽子線、電子線やエックス線) を放射する。これらの放射線が地球に届くと大気圏上層部の電離層を乱し、電波通信が妨害されることがある。この現象をデリンジャー現象という。また、宇宙空間で作業する宇宙飛行士も放射線で被曝する危険が生じるため、太陽面で大規模な爆発があった場合には放射線を遮蔽するシェルターに避難する。幸い陽子線などの危険な放射線は光よりも遅く地球に到達するため、太陽表面で爆発が起こったことを確認してから避難しても間に合うようになっている。

　さらに外側にはコロナと呼ばれる極めて薄いガスでできた層がある。コロナはその温度が約 100 万度に達する高温のガスで、極大期には大きく地球軌道付近まで広がるが、コロナのガスの密度は非常に低いため地球への影響はほとんどない。一方極小期のコロナは縮小してしまう。極大期に皆既日食を見ると、大きく拡がったコロナが非常に美しく見え、もう一度皆既日食を見てみたいという思いにとりつか

れてしまう[*1]。

コロナの温度がなぜこのように高温になっているかは現在のところ謎である。太陽表面の温度が 6 000 K にすぎないにもかかわらず、その外側にあるコロナのほうが高温である理由については、太陽表面の磁力線の影響であるというところまではわかっている。磁力線の振動や擾乱によって発生するエネルギーがコロナの熱源らしいが、現時点（2013 年）ではまだ決着がついていない。

太陽表面からコロナへのエネルギー伝達の仕組みを解明するための観測衛星 SOLAR-B「ひので」は 2006 年に打ち上げられた。ひのでには可視光を観測して太陽表面の磁場を測定する望遠鏡 (SOT)、エックス線によってコロナの様子を観測する望遠鏡 (XRT)、および極端紫外線を分光してコロナと遷移層（彩層とコロナの間）のプラズマの速度・温度と密度を測定する望遠鏡 (EIS) を搭載しており、コロナの加熱に関する詳細な情報を取得する。

太陽の表面を詳しく観測するとさまざまな周期で震動していることが明らかになった。これは地球の地震に対応して日震と呼ばれている。地震を利用して地球内部の構造がわかるように、日震を利用して太陽の内部を研究する学問「日震学」が最近発展している。

2.2　太陽の熱源

太陽は表面の温度 6 000 K という高温で輝いている。太陽表面から放射されるエネルギーはもちろん四方八方に放射されていて、地球にはそのごくわずかな量が届いているにすぎないが、その量は地球の生物にはちょうどよく、地球には豊かな自然と生命が存在する。太陽に関するデータを表 2.1 に紹介しよう。

表 2.1　太陽に関するデータ (天文年鑑より)

半径	696 000 km
質量	$1.989\ 1\times10^{30}$ kg
平均密度	1.411 g/cm^3
赤道付近の重力	273.98 m/s^2
自転周期 (恒星に対して)	25.38 日
自転周期 (地球に対して)	25.275 3 日
実視等級	-26.74
絶対等級	$+4.83$
色指数 (B−V)	$+0.65$
太陽放射定数	1.961 3 cal/cm^2/分
全放射エネルギー	3.826×10^{33} erg/s

実視等級 −26.74 等は、全天で最も明るく、1 等星のおよそ 555 億倍である。太陽からやってくる光の波長と強度の関係は式 (1.5) に示す黒体輻射の強度分布に従うが、完全な黒体輻射の曲線ではなく、特定の波長が弱くなっている部分が多数ある。これは太陽の光球（太陽光の発生源）から地球に届くまでに

[*1] この症状を日食病といい、筆者の知人には皆既日食を見るために南極まで行ってしまった人もいる。幸か不幸か筆者はまだ皆既日食を見ていないのでこの病魔にとりつかれてはいない。

存在する低温の物質によって特定の波長の光が吸収されたことによる吸収線で、ドイツのフラウンホーファー (Joseph von Fraunhofer : 1787-1826) が発見したことからフラウンホーファー線と呼ばれている。

太陽のエネルギー源は、中心部で進んでいる核融合反応である。これは、水素原子核が太陽中心部の超高圧、超高温状態のために融合してヘリウムに変わる現象である。この反応は、日常生活で体験するどのような燃焼よりも強力なエネルギーを発生し、しかも元素が変換される原子核反応である。原子核反応では、反応前の物質の質量と反応後の物質の質量に差ができるため、その差に応じたエネルギーが放出される。相対性理論で予言された質量エネルギーは、現在では原子力エネルギーとして活用されている。

特殊相対性理論では、速さ v で運動する質量 m_0 の物体が持つエネルギー E を

$$E = \frac{m_0 c^2}{\sqrt{1 - \left(\frac{v}{c}\right)^2}} \tag{2.1}$$

ここで、$c = 299\ 792\ 458$ m/s は真空中の光の速さである。物体の速度が光の速さに比べて極めて遅いとき、式 (2.1) は次のように近似される。

$$E = m_0 c^2 + \frac{1}{2} m_0 v^2 \tag{2.2}$$

この式の第 2 項は速さ v で運動する物体の運動エネルギーで、高校の物理、または大学 1 年次から 2 年次に学ぶ古典力学では運動エネルギーは第 2 項のように表されている。

第 1 項は、相対性理論が提案されるまでは考慮されていなかったエネルギーで、有限の質量を持つ物体は必ずその質量に比例したエネルギーを持っていることを示している。光の速さ c が日常生活で観測される現象に比べて極めて大きい値を持っているため。質量エネルギーは莫大な量になる。質量 m_0 を持つ単独の物質から質量エネルギーを直接取り出すことはできないが、原子核反応や素粒子反応によって反応前後の質量差 (Δm) に応じたエネルギー $\Delta m c^2$ がやりとりされる[*2]。太陽の中心部で進んでいる核融合反応では、反応前の質量と反応後の質量の差に対応するエネルギーが、高エネルギーの陽電子やガンマ線として放出され、太陽中心部の温度を上昇させる。

水素原子核が核融合反応を起こしてヘリウム原子核になるためには、水素原子が極めて高速で運動して激しく衝突しなければならない。このような条件は、超高温かつ高圧の条件で起こるため、熱核融合反応と呼ばれている。太陽の中心部で主に起こっている熱核融合反応は、

$$4{}^1\mathrm{H} \rightarrow {}^4\mathrm{He} + 2\mathrm{e}^+ + 2\nu_\mathrm{e} \tag{2.3}$$

である。ここで、${}^1\mathrm{H}$、${}^4\mathrm{He}$ はそれぞれ水素、ヘリウムの原子核を表す記号、e^+、ν_e はそれぞれ陽電子 (電子の反物質) および電子ニュートリノである。この反応で発生するエネルギーを計算することはちょうどよい練習問題になるであろう。

問題

1. 核融合反応の式 (2.3) で発生するエネルギーを計算してみよ。また、1.00794 g (1 モル) の水素原子が核融合反応を起こしてヘリウム原子になる時に発生するエネルギーを求めよ。
2. 表 2.1 の値のうち、太陽の半径と質量はどのようにして測ったのかを調べよ。

[*2] 変化量を表す際に、変数の前にギリシャ文字の Δ をつけることが多い。Δ とは「差」の英語 difference の頭文字である。Δ の他には d をつけることもある。微分の式に見られる $\frac{df}{dx}$ がその例である。

2.3　pp 連鎖反応

　太陽の中心部で起こっている熱核融合反応は、水素原子核 (^{1}H) が原料になっている。実際の核融合反応では、式 (2.3) に示したように 4 つの水素原子核が一度に結合してしまうことはない。はじめに 2 つの水素原子核が融合して重水素の原子核に変換される反応が起こる。その後、反応によって作られた原子核を原料とする次の段階の反応が次々と起こり、最終生成物である ^{4}He が作られる。この反応ははじめに陽子 (proton) が 2 つ結合する反応を起点とする連鎖的な反応であるため、pp 連鎖反応 (pp chain reaction) と呼ばれている。

　さて、今後水素原子核の仲間がいくつも登場するため、原子核に詳しくない読者は混乱するかもしれない。専門家はこの混乱を避けるため、水素の同位元素にそれぞれ固有の名前をつけた。水素原子核の仲間と、一般によく使われている名称を表にまとめたのでよく覚えておこう。

表 2.2　水素の同位元素、名称 (日本語と英語)、質量などのリスト

記号	名称 (日本語)	名称 (英語)	原子核の構成		質量 (GeV/c^2)
			陽子	中性子	
^{1}H または p	軽水素	hydrogen	1	0	0.938
^{2}H または d,D	重水素	deuterium	1	1	1.875
^{3}H または t,T	三重水素	tritium	1	2	2.809

　他の一般の原子核は、元素記号と質量数を用いて表す。同じ元素で質量数が異なっている場合、化学的性質は変わらないが、原子核の性質は異なる。このような原子核を同位体 (Isotope) と呼んでいる。同位体には、安定に存在する同位体と、放射線を放出して崩壊する不安定な放射性同位体とがある。元素記号では 安定同位体と放射性同位体の区別はしないので、元素記号と左上に示されている質量数を見て判断する必要がある。表 2.2 中の ^{3}H は、放射能をもつ放射性同位体である。

　pp 連鎖反応の模式図を図 2.1 に示す。途中でいくつかの枝分かれがあり、それぞれの分岐へ分かれる比率は詳しく計算されている。

2.3.1　各反応の解説

(1)

　恒星内部の核反応の起点となる反応である。2 個の陽子が反応して重陽子と陽電子、ニュートリノを作る反応 (pp 反応) と、2 個の陽子が近傍の電子を補足して重陽子とニュートリノになる反応 (pep 反応) の 2 つがある。後者の反応は起こりにくく、太陽内部ではほとんど 100% の割合で前者の反応が進んでいる。pp 反応の Q 値 (放出されるエネルギー) は、反応前後の質量エネルギーの差から、

$$Q = 2m_\text{p}c^2 - m_\text{d}c^2 - m_\text{e}c^2 \tag{2.4}$$
$$= 2 \times 938.256 \text{ MeV} - 1875.581 \text{ MeV} - 0.511 \text{ MeV}$$
$$= 0.420 \text{ MeV}$$

と計算される。ここで、m_p、m_d、m_e は、それぞれ陽子、重陽子原子核および陽電子の静止質量である。ニュートリノの質量は極めて小さいため、この計算では無視した。この式でエネルギーの単位に MeV を

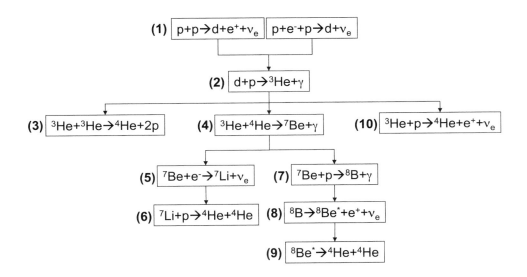

図 2.1 **pp** 連鎖反応の模式図
^{4}He はこの反応の最終生成核。それぞれの反応式に関する詳しい説明は本文を参照のこと。

使っている。これは原子核、素粒子物理学の領域でよく使われるエネルギーの単位である。個々の反応でやり取りされるエネルギーは極めて小さくて SI 単位系で使われている J（ジュール）の単位では数値が小さくなってしまう。そのために 1 eV$= 1.602 \times 10^{-19}$ J で換算される eV（電子ボルト、エレクトロンボルト）を標準的に用いる。単位の換算は重要ではなくて数値の大小関係がわかれば十分である。

　pp 反応では、反応後の生成粒子が 3 つあるので、発生したエネルギー Q は重陽子、陽電子およびニュートリノにそれぞれ分配される。その分配比率は一定ではなく、反応のたびに異なる比率で分配される。それぞれの発生粒子に分配されるエネルギー比率は Fermi らによって詳しく研究されており、原子核の教科書にその詳細が紹介されているので、そちらを参照されたい。電子および重陽子に分配されたエネルギーは、周囲の物質との相互作用によって太陽中心部に与えられる。このエネルギー供給によって太陽中心部の温度が維持され、太陽自身の重力による圧力とのバランスを保ち続ける。

　一方、ニュートリノは物質との相互作用がほとんどないため、太陽の中心部から直接外部に放出される。そのため、太陽から飛来するニュートリノを直接観測できれば、太陽の中心部で起こっている核融合反応の様子を詳しく知ることができる。太陽から飛来するニュートリノを観測するために建設された巨大なニュートリノ観測施設は、日本では Super-Kamiokande、他の国では SNO、Homestake など複数のグループにより建設され、精力的な研究が進められている。この研究に関する詳細は後の節で紹介する。

　pep 反応による Q 値は 1.442 MeV である。反応後は 2 つの生成粒子になるため、重陽子と電子ニュートリノに分配される。運動量とエネルギーの保存則によりニュートリノの運動エネルギー E_ν は簡単に計算できる。ニュートリノの質量を m_ν とすると、

$$E_\nu = \frac{m_\mathrm{d}}{m_\mathrm{d} + m_\nu} Q \tag{2.5}$$

となるが、ニュートリノの質量が軽すぎるためにほとんどすべてのエネルギーがニュートリノに与えられることになる。この反応によって 1.442 MeV の単一エネルギーを持つニュートリノが発生する。pp

反応と pep 反応は、極めて反応確率 (反応断面積という) が 小さいため、恒星の中心部では極めて徐々に進行する。そのため、pp 連鎖反応が主たる反応である時期は恒星の一生の中で最も長い期間を占め、観測される恒星の大部分が主系列星である。

(2)

　pp 連鎖反応の第一段階で生成された重水素と、陽子が衝突した結果、^{3}He が生成される。この反応の Q 値は 5.49 MeV ですべてガンマ線として放出され、そのエネルギーは太陽中心部の物質に吸収される。この反応以降は、恒星内部の温度、圧力の条件によって 3 つの異なる連鎖反応の系列に分岐する。

(3)

　この反応は太陽内部の核融合反応では 85% の比率で起こる。Q 値は 12.86 MeV に及ぶ。生成される粒子はすべて電荷を持つ原子核なので、すべてのエネルギーを恒星中心部に与える。

(4)

　この反応から (6) および (9) に至る連鎖反応では、^{4}He 原子核が 2 個作られる。(3)、(4)、(10) の各分岐の中では (3) の分岐に次ぐ 15% の比率で (4) の反応が起こる。反応に伴って放出されるガンマ線は恒星中心部で吸収される。

(5)

　太陽内部では (5) と (7) のうちほとんど100% の比率で (5) の分岐の反応が進む。この反応は、電子捕獲反応と呼ばれる β 崩壊の一種であり、崩壊生成物は 2 つの粒子 (^{7}Li とニュー トリノ) であるため、ニュートリノのエネルギーは単一になる。反応の Q 値は 0.861 MeV であるが、^{7}Li には 0.4776 MeV に励起状態があり、励起状態に遷移する崩壊が 10%、基底状態に遷移する崩壊が 90% の分岐比を持つため、0.861 MeV と 0.383 MeV のエネルギーを持つニュートリノがそれぞれ 9 対 1 の比率で放出される。

(6)

　この反応の Q 値は 17.34 MeV に及ぶ大きな値である。このエネルギーは ^{4}He に等しく分配され、恒星中心部にエネルギーを与える。

(7)

　この反応の分岐比は 0.02% にすぎない。しかし、この次に起こる反応は、太陽ニュートリノ観測において大変大きな問題となった非常に重要なニュートリノを発生させる反応である。この反応の分岐比、つまり (5) と (7) の反応が起こる比率は太陽ニュートリノのエネルギースペクトルを計算する上で重要である。太陽ニュートリノ問題については後の節で詳しく説明する。この反応の Q 値は 0.137 MeV という小さな値で、エネルギーはガンマ線の形で放出されて恒星中心部を加熱する。

(8)

　この反応の Q 値は 17.98 MeV に及び、β^+ 崩壊によって ^{8}Be に崩壊する。この崩壊に伴うニュートリノは、最大約 18 MeV に達する高エネルギーニュートリノとして観測される。Kamiokande による太陽ニュートリノの観測が始まったときは、環境放射線のバックグラウンドを避けるために高エネルギー

ニュートリノの観測に焦点を絞っていた。そのときに主に観測されたのがこのニュートリノである。このニュートリノの観測数が、太陽の標準モデルによる予想に比べて遙かに少なかったことが永年の謎になっていたが、Kamiokande を大型化して精度を向上させた Super-Kamiokande の観測により、ニュートリノの数が少ない原因が解明された。

(9)

　^{8}Be は原子核に 4 個の陽子と 4 個の中性子をもつ原子核である。これらの核子 (原子核を構成する粒子) が互いに関連無く運動しているならば、質量数 8 の原子核の中で最も軽いこの原子核は安定なはずである。しかし、^{8}Be はなんと 0.08 fs (1 fs は 10^{-15} 秒) という極めて短い時間で 2 つの ^{4}He に崩壊してしまう (よくこんな短い時間を測ったものである。どうやって測るのか不思議に思った人はなかなかすばらしい好奇心の持ち主である。この寿命の測定は、量子論に必須の原理、ハイゼンベルクの不確定性原理を応用して測定されている。^{8}Be の基底状態のエネルギー幅 ΔE は有限の値に広がっている。その幅を測定して、不確定性関係 $\Delta E \cdot \Delta t \geq \hbar$ から Δt すなわち寿命を求める)。この性質から、^{8}Be は 2 つの ^{4}He が集まってできていると考えられている。このような構造をクラスター構造と呼び、他の原子核 (^{12}C など) にも見つかっている。

(10)

　この反応は He と p の核融合反応なので hep 反応と呼ばれている。太陽内部ではわずか 0.00002% の比率にすぎないが、Q 値が 18.77 MeV に及ぶため、太陽ニュートリノのエネルギーが最も高い。そのため、^{8}B のニュートリノとともに太陽ニュートリノ天文学の初期によく調べられた。このニュートリノも理論による予想に比べて観測値が少なく、太陽ニュートリノ問題として多くの科学者が解決に取り組んでいた。

2.4　太陽ニュートリノの観測

2.4.1　太陽ニュートリノとは

　太陽の中心部では p-p 連鎖反応が進んで莫大なエネルギーを生産している。その結果、さまざまなエネルギーのニュートリノが太陽中心部から放出されている。太陽中心部で発生した高エネルギーガンマ線は中心部で吸収されてしまうため、中心部をガンマ線観測衛星などを用いて直接観測することは不可能である。しかし、ニュートリノはガンマ線やその他の電磁波に比べて圧倒的に透過性が高いため、太陽中心部から直接地球まで到達することができる。太陽中心部で発生するニュートリノを太陽ニュートリノ (solar neutrino) と呼び、これは太陽中心部を直接かつリアルタイムに観測するための唯一の情報源である。

　ニュートリノは電荷を持たない極めて軽い素粒子である。質量が軽すぎるため、まだその絶対値の測定に成功した実験はなく、3 種類あるニュートリノの質量の 2 乗の差が明らかになりつつあるにすぎない。ニュートリノの質量に関する詳しい解説は後の章で述べる。太陽の中心部で生成されるニュートリノが地球にどのようなエネルギー、強度で飛来しているかは、前の節で紹介した原子核反応の反応率を計算して高い精度で予想されている。J.N.Bahcall らによる太陽ニュートリノのエネルギースペクトルの予想値を図 2.2 に示す。

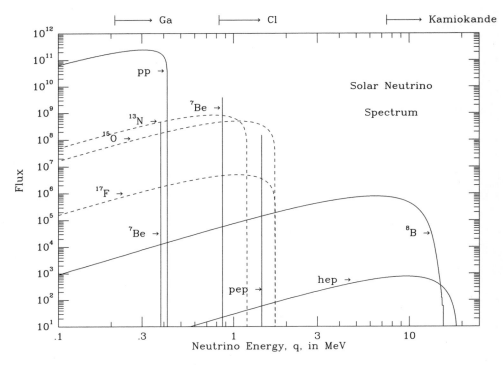

図 2.2　太陽ニュートリノのエネルギースペクトル
実線で描かれた線は pp 連鎖反応によるもの、破線で描かれた線は CNO 連鎖反応によって生成されるニュートリノ。連続スペクトルの縦軸は $[\mathrm{cm}^{-2}\mathrm{sec}^{-1}\mathrm{MeV}^{-1}]$ の単位、線スペクトルの縦軸は $[\mathrm{cm}^{-2}\mathrm{sec}^{-1}]$ の単位で表される。Nature 375 (1995) 29-34 より転載。

　図の上部に記載された Ga、Cl や Kamiokande に付随する矢印は、それぞれガリウムを用いた実験、塩素を用いた実験ならびに Kamiokande で測定する太陽ニュートリノの観測可能なエネルギー範囲を示す。Ga および Cl の実験では、ニュートリノを吸収する反応のしきい値（反応をおこす最低エネルギー）に対応している。一方で Kamiokande のエネルギー範囲は観測の障害になるバックグラウンドによる制限である。岩盤や水に含まれる放射性不純物によるバックグラウンドの事象を避けるために、エネルギーの高いニュートリノのみを選択して観測している。

2.4.2　^{37}Cl による太陽ニュートリノの観測

　太陽ニュートリノの観測に注目して大規模な観測を世界に先駆けて着手したのは、R.Davis らのグループである。彼らは、^{37}Cl の逆 β 崩壊を利用して太陽ニュートリノの観測を行った。自然界の塩素は 2 つの同位体で構成されていて、質量数 35 の ^{35}Cl と質量数 37 の ^{37}Cl がそれぞれ 75.77%、24.27% の割合で存在する[*3]。^{37}Cl の逆 β 崩壊とは、天然に存在する ^{37}Cl に、高エネルギーの反ニュートリノが反応し、放射能を持つ ^{37}Ar に変換されてしまうという現象である。^{37}Cl と ^{37}Ar のエネルギー差を図 2.3

[*3] そのため、塩素の原子量は 2 つの平均、$0.7577 \times 35 + 0.2427 \times 37 = 35.5$ という値になっている。化学の教科書などに掲載されている周期表を見てみよう。

に示す。図の横線の高低差はそれぞれの原子核のエネルギー関係を示している。自然界に存在し、安定

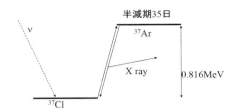

図 2.3　^{37}Cl と ^{37}Ar のエネルギー差を表す図

な ^{37}Cl の質量エネルギーを基準とすると、^{37}Ar は 0.816 MeV だけ余分にエネルギーを持った状態にあり、不安定である。不安定なために自然界には存在しないはずの ^{37}Ar は、天然に存在する ^{37}Cl に太陽ニュートリノが衝突して反応することによって生成される。この反応を原子核反応の式で表すと、

$$^{37}\text{Cl} + \nu_{\text{e}} \rightarrow {}^{37}\text{Ar} + \text{e}^{-} \tag{2.6}$$

となる。この反応が起こるために必要な最低のエネルギーは図 2.3 のとおり $Q_{\text{EC}} = 0.816$ MeV であるため、太陽ニュートリノのうち最も多量に飛来する pp 反応 (前節で紹介した反応 (1)) で生成されるニュートリノはこの反応を起こすことができない。しかし、その他のニュートリノ、^{7}Be、^{8}B や hep、pep 反応によるニュートリノは十分に高いエネルギーを持っているので、^{37}Cl と反応することができて放射性同位元素である ^{37}Ar を作る。この反応によって生成される ^{37}Ar の半減期は 35.04 日である。^{37}Ar の崩壊に伴って約 3 keV のエックス線が放出されるため、^{37}Ar を集めてエックス線の強度を測定すれば、太陽ニュートリノによる反応数を調べることができる。

　Davis らは、^{7}Be の電子捕獲 (5) や ^{8}B の β^{+} 崩壊 (8) で発生するエネルギーの高い太陽ニュートリノを観測する実験を行い、1963 年から 20 年以上にわたる長期間の観測を行った。彼らはアメリカのサウスダコタ州にあるホームステイク鉱山 (地下約 1 470 m) に実験装置を設置した (図 2.4)。太陽ニュートリノによる ^{37}Ar の生成は一日に数個程度であることが予想されるために宇宙線を遮るために地下の深いところに実験装置を設置した。環境放射線によるバックグラウンドのうち、特に宇宙線によるバックグラウンドを極限まで下げる必要がある。宇宙線は極めて高いエネルギーを持つ電子や μ 粒子で、地上では 1 m^2 あたり、数秒に 1 個程度の高頻度で入射している。高エネルギーの宇宙線は岩盤によってエネルギーを失って止まってしまうため、地下深くに潜ると宇宙線によるバックグラウンドを効果的に低減させることができる。

　ニュートリノの実験では、ニュートリノを捕まえる原子核（標的核という）を多数用意する必要がある。ニュートリノは鉄を数兆 km 貫通するだとか、地球を貫通するほど反応しにくいなどという例え話があるように、ニュートリノを捕まえることが困難であることは有名である[*4]。

　具体的に計算していると実感すると思うが（演習問題で計算しましょう）、ニュートリノを観測するためには数 t 以上の標的物質を用意しなければならない。数 t の物質を安全に管理し、その中にわずかに起こる変化を捉えるための精密な装置を備えるためにはコストの面も十分に検討しなければならない。

[*4] このような話をすると、必ずこういう質問をする人がいる。「ニュートリノは物質と反応しないのだから観測できないはずではないのか？」「反応しない」と「反応しにくい」の差はこちらが思っているほど明確ではないようである。

図 2.4 Davis らの実験装置
下の円筒状のタンクに四塩化炭素が大量に入れられている。提供 Brookhaven Natoanal Laboratory

Davis らは標的物質として安価な四塩化炭素 (C_2Cl_4) を大量に (10 万ガロン=38 万 ℓ) 用意した。四塩化炭素はドライクリーニングの洗浄剤に使われていたため、工業的に大量にかつ安価に生産されていることに彼らは着目した。

太陽から高エネルギーのニュートリノが来れば、タンクに入っている多量の ^{37}Cl と反応して ^{37}Ar を作る。^{37}Ar の半減期は 3 日であるため、作られた ^{37}Ar はすぐにはなくならない。半減期よりも十分長い時間をかけて反応させると、^{37}Ar が生成される数と崩壊する数が同じになる (放射平衡という)。この実験では 1 ～ 3 カ月の間反応させて作られた ^{37}Ar を捕集してその数を計測した。太陽から飛来したニュートリノをいくつ観測できるかは、太陽ニュートリノのフラックス ($cm^{-2}s^{-1}$) と標的となる原子核とニュートリノの散乱断面積 (cm^2) の積によって簡単に予想することができるので

$$1 \text{ SNU} = 10^{-36} \text{ s}^{-1} \tag{2.7}$$

という単位をよく使う。これを使えば、Davis の実験で予想される値は (7.9 ± 2.6) SNU であった。

図 2.5 にニュートリノによって生成した ^{37}Ar 原子の数の変化を示す。図に示すように、誤差の範囲内でばらつきがあるように見えるが、平均した ^{37}Ar の生成率 R_{Ar} は、

$$R_{Ar} = 0.462 \pm 0.040 \text{ day}^{-1} \tag{2.8}$$

つまり、(2.1 ± 0.9) SNU であると報告された。このように理論的予想値と実験結果に 3 倍以上の大きな差が見いだされた。これは長い間太陽ニュートリノ問題として多くの研究者を悩ませた。

2.5 太陽ニュートリノ問題

太陽ニュートリノのデータが集まってきた 1980 年代終わりから 1990 年代初めの頃は、太陽ニュートリノ問題に関する議論が非常に活発であった。太陽ニュートリノの強度は、太陽の標準モデルによって予想される値に比べて、実験によって測定される値が常に少なかった。パイオニア的存在であった Davis らの実験に続き、日本の Kamiokande グループ、ロシアとアメリカの国際共同研究 SAGE、ドイツの Gallex、アメリカの SNO 実験などが次々に太陽ニュートリノの強度を精密に測定し始めた。それぞれのグループは、それぞれ独自の標的原子核を使用し、太陽ニュートリノを標的原子核に当て、その反応を詳細に調べた。いろいろな標的原子核を使用することによって、装置の癖による系統誤差の影響を除去することができるため、多数の標的原子核による実験が行われたのである。表 2.3 に、各グループの測定結果と理論予想値の違いを示す。

表 2.3 太陽ニュートリノの実験と理論的予測の違い

標的物質	理論予想値 (SNU)	実験結果 (SNU)	$\frac{理論}{実験}$	実験グループ
^{37}Cl	$7.6^{+1.3}_{-1.1}$	2.56 ± 0.23	0.34	Davis ら
^1H_2O	$1.0^{+0.20}_{-0.16}$	0.55 ± 0.08	0.55	Kamiokande I, II
		0.48 ± 0.02	0.48	Super Kamiokande
^{71}Ga	128^{+9}_{-7}	75^{+8}_{-7}	0.59	SAGE
		74 ± 7	0.58	Gallex+GNO
^2H_2O	$1.0^{+0.20}_{-0.16}$	0.35 ± 0.03	0.35	SNO

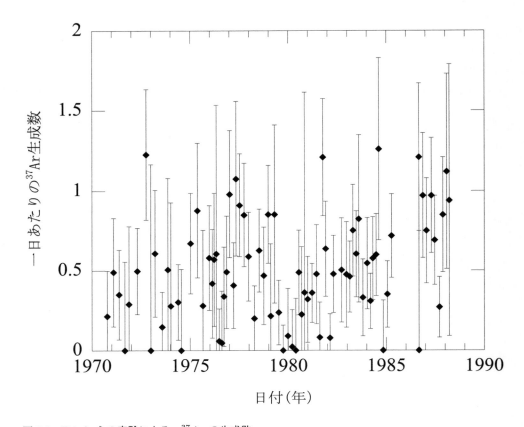

図 2.5 **Davis** らの実験による、^{37}**Ar** の生成数
誤差棒は標準偏差である。J.N.Bahcall 著 "Neutrino Astrophysics"、Cambridge University Press
1989 年の p317 に記載の表 10.3 よりデータを使用、グラフ化した。

　表のように、すべての実験結果が理論の予想値を大きく下回ってしまった。これは、標準太陽模型の理論にとっても、実験グループにとっても大変重大な問題であった。太陽の中心部で大量に発生しているはずのニュートリノはどこかに行ってしまったのか、それともニュートリノの生成率は現在少なくなっていて、今まで我々はそれに気付かなかったのか、いろいろな解釈がこの結果に対して考えられた。筆者が大学院生であった 1990 年頃は、太陽ニュートリノ問題の解決策に対する議論が活発であった。太陽ニュートリノの観測量が標準太陽模型の予測値に対して少なくなる理由として、

1. 太陽に原因がある
2. ニュートリノの性質に原因がある

という 2 つの意見が対立していた。

　前者は、特に ^{8}B のニュートリノ強度が太陽中心部の温度の 18 乗に依存して変化することを原因と考えていた。ただ、太陽中心部の温度を下げる要因は極めて説明が困難で、わずかな違いも許さない標準太陽模型をどのようにして変えていくかが困難な課題であった。ある理論家は、太陽中心部に未知の素粒子が存在し、その素粒子が中心部の熱を周辺に伝達するため、わずかに温度が下がるという説を唱え

た。この説は、同時に問題になっていた宇宙暗黒物質問題を解決すると考えられたが、Ge や Si 半導体を用いた高感度放射線検出器による実験でその可能性は否定された。

後者は、なかなか捕まえにくいニュートリノの性質を調べるという困難な課題があったが、多くの理論研究者や実験グループがその検討を試みた。前述の Davis らの実験結果は、太陽ニュートリノと太陽黒点数との関連を示しており、太陽黒点が多いとき (太陽の磁場活動が活発なとき) に太陽ニュートリノの数が少ないと報告していた。図 2.5 をじっと見つめてみよう。実験データの平均値を表す黒い点に微妙な周期的変化があるように見えたのは Davis であった。1980 年前後に極めて観測数が少ない時期が続いたが、ちょうどこの時期は太陽黒点が最も多い太陽の極大期でもあった。そこで、Davis をはじめとする多くの研究者は太陽ニュートリノのフラックスと太陽黒点とのあいだに何らかの相関があるのではないかと考えた。

ニュートリノと磁場との相互作用などについて多くの理論的研究がなされたが、なかなか決定的な研究結果は出なかった。そうしているうちに、Kamiokande グループの結果が 1980 年後半から出始めた。その結果は Davis らの主張に反し、年変化を示さなかった。その後の両グループの結果は世界の注目を浴びたが、1990 年代初めの太陽活動極大では、両グループともニュートリノの数に変化は見られず、太陽黒点との関連は否定されてしまった。Davis らも、1980 年頃の数が少なかったのは統計的ふらつきによるものだと認めた。

2.5.1 ニュートリノ振動による太陽ニュートリノ問題の解決

太陽ニュートリノ問題の解決には、1990 年頃に提案されていた大型の装置による精度の高い実験が必要であった。幸い、Kamiokande の実験が終わった後、さらに高精度の実験を行うために Super Kamiokande (SK) が建設されることが決定し、そのデータが待ち望まれていた。理論的研究では、太陽ニュートリノ問題解決の方法としてニュートリノ振動が注目され、既存のデータを用いて精度の高い予想を報告していた。

ニュートリノ振動とは、発生源から飛行するニュートリノが飛行中に他のニュートリノに変身してしまうという現象である。ニュートリノは自然界に存在する力 (4 つある) のうち弱い相互作用で表示されるとき、ν_e(電子ニュートリノ)、ν_μ(ミューニュートリノ)、ν_τ(タウ ニュートリノ) に分類される。太陽の核融合反応で発生するニュートリノはすべて電子ニュートリノである。一方、地球大気の上層部では、高いエネルギーの宇宙線が入射して大気の原子核 (窒素や酸素) と核反応を起こし、π 中間子が生成される。π 中間子が崩壊するときにミュー粒子とミューニュートリノを生成する。ミュー粒子もただちに (平均寿命は約 2 μsec。これは人間の時間に対する感覚からは短いが、素粒子の反応としては長い方に属する) 崩壊して電子と電子ニュートリノ、そしてミューニュートリノを作る。このことからわかるように、大気から発生するニュートリノは、電子ニュートリノとミューニュートリノがそれぞれ 2 対 1 の割合で存在するはずである。

さて、ニュートリノには 3 つの種類が存在すること (ν_e、ν_μ、ν_τ) がわかっている。これらの分類法は「弱い相互作用の固有状態 (weak eigenstate)」と呼ばれている。ニュートリノに質量がある場合には、「質量の固有状態 (mass eigenstate)」という分類もできる。これらはいまのところ簡単のために ν_1、ν_2、ν_3 と名前を付けておく。ややこしいことに、弱い相互作用の固有状態と質量の固有状態は一致しない。

3 種類の固有状態を一気に扱うと大変なので、まずは 2 種類の固有状態について考えてみよう。弱い相互作用の固有状態で ν_μ、ν_τ と呼ばれている 2 つのニュートリノの固有状態と、2 種類の質量を持つ

ニュートリノの固有状態 ν_2、ν_3 とがあるとする。これらの固有状態間の関係は、

$$\left(\begin{array}{c} \nu_\mu \\ \nu_\tau \end{array} \right) = \left(\begin{array}{cc} \cos\theta_{23} & \sin\theta_{23} \\ -\sin\theta_{23} & \cos\theta_{23} \end{array} \right) \left(\begin{array}{c} \nu_2 \\ \nu_3 \end{array} \right) \tag{2.9}$$

と仮定する。ここで、θ_{23} は混合角とよび、弱い相互作用の固有状態と質量の固有状態のずれを表す。ずれがまったくなければ $\theta_{23} = 0$ であるから、

$$\nu_\mu = \nu_2 \tag{2.10}$$
$$\nu_\tau = \nu_3$$

となる。この場合は、わざわざニュートリノの固有状態を区別する必要がないがニュートリノに質量がない。ν_μ と ν_τ に質量の差があると、初め ν_μ として生成されたニュートリノが距離 L を飛行する間に ν_τ に変身してしまう。もとのニュートリノのまま観測装置に到達する確率 P は次式によって与えられる。すなわち、

$$P(\nu_\mu \to \nu_\tau) = 1 - \sin^2 2\theta_{23} \cdot \sin^2 \left(1.27 \frac{L\Delta m^2}{E_\nu} \right) \tag{2.11}$$

ここで、E_ν はニュートリノのエネルギー、$\Delta m^2 = \left| m_{\nu_2}^2 - m_{\nu_3}^2 \right|$ である。式 (2.11) でわかるように、ニュートリノの存在確率は $\sin^2 \left(1.27 \frac{L\Delta m^2}{E_\nu} \right)$ で表されるように距離によって周期的に変動するため、ニュートリノ振動と呼ぶ[*5]。太陽ニュートリノの場合は、電子ニュートリノとミューニュートリノまたはタウニュートリノとの振動である。

　1996 年に完成した SK は、直径 39.3 m、高さ 41.4 m という、地下で建造することができる最大の空洞を作って完成した。内部には純水を 5 万 t 入れてあり、水に束縛されている電子とニュートリノの衝突によって発生する微弱な光 (チェレンコフ光) を捕らえる光電子増倍管は中心部に 11 146 本、その外側に 1 885 本使用している (図 2.6)。SK の真の目的は、素粒子の究極理論で予想される陽子の崩壊現象の発見である。しかし、この装置はニュートリノに対しても極めて高い感度を持つため、この装置によってニュートリノの性質が明らかになった。

　SK は 2000 年に最初の結果を報告した。その結果は従来の素粒子物理学の理論を覆す驚くべき結果であったが、同時に究極の理論を予想する立場にとっては期待通りの結果であった。彼らは地球の大気上層部で生成される π 中間子の崩壊による電子ニュートリノ (ν_e) とミューニュートリノ (ν_μ) の数の比率の違いを測定した。ニュートリノ振動がなければ、次の崩壊式

$$\pi^- \to \mu^- + \nu_\mu \tag{2.12}$$
$$\mu^- \to e^- + \nu_\mu + \nu_e \tag{2.13}$$

より、ν_μ と ν_e の数の比は 2:1 になるはずである。ニュートリノ振動によってミューニュートリノが他のニュートリノ、例えばタウニュートリノに変化してしまうと、そのニュートリノは観測できない。そのため、ミューニュートリノと電子ニュートリノの数の比が 2:1 からずれてしまうはずである。ニュートリノの変化確率は発生源と観測地の距離 L に依存した関数になっている (式 (2.11) を参照) ため、ニュートリノの飛来方向を測定すればその方向の大気圏上層部までの距離がわかり、そこから Δm^2 と $\sin^2 2\theta$ の関係が得られる。SK による大気ニュートリノの結果では、大きな混合角、すなわち

$$\sin^2 2\theta > 0.92 \tag{2.14}$$

[*5] けっしてニュートリノがプルプル震えているのではない。ニュートリノには震えることができるような大きさはない、点状粒子であると考えられている。詳しくは付録 B で。

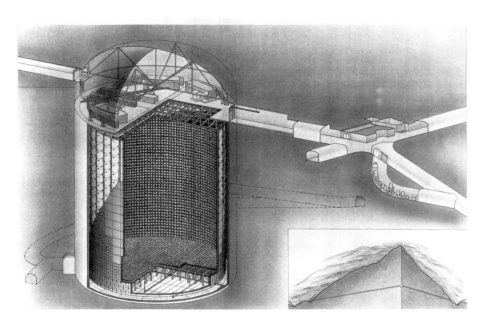

図 2.6 **Super-Kamiokande の様子**
山の中には水平に掘られたトンネルから入る。高さ約 40 m、直径約 40 m の巨大なタンクの上には厚
さ 1 000 m に達する岩盤があり、宇宙や大気圏上層部で発生した高エネルギーの放射線を遮る (東京
大学宇宙線研究所神岡宇宙素粒子研究施設提供)。

であること、またニュートリノについて質量差が存在すること、すなわち

$$1.5 \times 10^{-3} < \Delta m^2 < 3.4 \times 10^{-3} \text{ eV}^2 \tag{2.15}$$

であることを示した。これらの観測結果から、ニュートリノは有限の質量を持つことが確実となった。
ただし、どのニュートリノが最も軽いか、また、ニュートリノの質量の絶対値はいくらであるかという
問いはまだ残されている。

この後、カナダで行われている SNO グループの大気ニュートリノおよび太陽ニュートリノの実験結果
で同様の結果が報告された。旧 Kamiokande の空洞に建設された KamLAND グループは原子炉から飛
来する反ニュートリノの振動を測定した。太陽ニュートリノや大気ニュートリノの観測で混合角 $\sin^2 \theta$
が大きな値を持つことがわかったため、非常に短い距離でもニュートリノ振動が起こるかもしれないと
いう予想がなされるようになったためである。KamLAND は反ニュートリノを効果的に観測するため
に水素を大量に含む液体シンチレーターを使い、水素にニュートリノが反応して発生する中性子による
事象を調べた。その結果、近距離の原子炉から発生する反ニュートリノも他の種類に変化していること
を明らかにし、太陽ニュートリノ問題はニュートリノが届くまでに他のニュートリノに変化してしまう
ニュートリノ振動が原因であることを確定させた。

太陽の中心部では熱核融合反応が標準太陽模型の通りに進んでおり、ニュートリノが生成されている。
発生したニュートリノは太陽から地球に届くまでの長い距離で別のニュートリノ、ν_μ や ν_τ に変身して

しまうため、地上に置いたニュートリノ検出器では理論的予想値よりも大幅に少ない量の電子ニュートリノ (ν_e) しか観測されないという結論で、太陽ニュートリノ問題は解決されたのである。

問題

太陽ニュートリノと陽子との散乱断面積はおよそ 10^{-45} cm^2 程度である。これがすべて pp ニュートリノと仮定して人の体（体重 60 kg）に衝突する頻度を計算してみよ。簡単のために人の体がすべて水素であると仮定してみるとよい。人体中の水素原子の量を推定して計算してみてもよい。

第 3 章

恒星の進化

3.1 恒星の誕生

恒星が誕生する場所は、ガスが濃密に集まったところである。暗黒星雲 (dark nebula) の中で、ガスの密度にむらが発生すると密度の高い部分は周囲の低密度な部分からガスを集め始める。密度の高い部分は周囲よりも質量が大きい部分であり、そのために重力が周囲よりも強くなっている。その重力によって周囲の物質が集められるという仕組みである。ガス雲の塊はしだいに重力によって収縮し、中心部分の温度が上昇するため赤外線を放出し始める。中心部分を加熱する熱源は重力の位置エネルギーで、原始星は非常に温度の低い暗い天体から徐々に温度の高い明るい天体に変化していく。ある限界まで温度が高くなると、その放射によって周囲のガスが吹き飛ばされて明るい原始星が見えるようになる。

その後原始星は中心部の温度と密度を上げながらしだいに収縮する。収縮を始めた原始星の表面温度はあまり変わらないので徐々に暗くなっていく。中心部の温度が 10^7 K を超えると核融合反応が点火されて明るく輝きはじめる。核融合反応が始まるまでにかかる時間は、天体の質量が軽いほど長くなる。太陽程度の質量を持つ天体の場合は 10^7 年程度、太陽の半分程度の質量を持つ天体の場合は 10^8 年程度であるのに対し、太陽の 10 倍の質量を持つ天体は 10^5 年程度である。

3.2 ヘリウムの燃焼

太陽などの主系列星が核融合反応で使う水素を使い尽くしてしまった後はどうなるのだろう。例えば太陽は今からおよそ 50 ～ 100 億年後に中心部の燃料を使い果たし、しだいに冷えて白色矮星になると考えられている。太陽よりも重い星は、次の段階の核融合反応を進めてさらに重い原子核を合成していく。最後には華々しく爆発して超新星となり、中性子星やブラックホールを作る。

恒星中心部の水素が燃焼し尽くされてしまうと、恒星中心部のエネルギー生成が減少する。それまで中心部の核融合反応によって発生していた熱によって圧力を作り、外部のガスが落ち込んでこないように保っていたが、そのバランスが崩れてしまう。恒星中心部の温度による圧力は、もはや周囲の物質の落ち込みを支えることができなくなる。そのため、中心部の物質は重力によって圧縮される。圧縮された物質の温度は急激に上昇する。そして中心部の温度が約 1 億度まで上昇すると、ついに 3 個のヘリウムが核融合して炭素に変換される反応が始まる。

このとき中心部の温度は 1 億度という超高温になっているため、恒星の外部のガスは暖められて膨張する。膨張した恒星の大きさは、現在の太陽の数百倍から数千倍に達する。膨張に伴って恒星の単位表

面積のエネルギー放射量は結局少なくなってしまうため、表面の温度は下がってしまい、赤く光る。このような恒星は、温度が低いにもかかわらず明るい (大きい) 恒星、すなわち赤色巨星 (Red Giants) と呼ばれる。

　ヘリウムの燃焼は水素の燃焼に比較して早く終わり、再び中心部の温度が低下して重力による圧縮が始まる。恒星の質量が十分に大きければ、重力による圧縮が十分に進むため、さらに次の核融合反応が始まる。表 3.1 に、恒星の質量と進化の最終段階をまとめている。表で $M_\odot$ は太陽の質量を表す。天文

表 3.1　恒星の質量と進化の最終段階。

質量 ($M_\odot$ 単位)	最終段階	主な現象
$0.08 \sim 0.5$	ヘリウムの白色矮星	水素が燃え尽きた段階で終わる。
$0.5 \sim 1.0$	炭素の白色矮星	ヘリウムが燃え尽きた段階で終わる。
$1 \sim 3$	炭素の白色矮星	赤色巨星になり、質量を放出して白色矮星になる。
$3 \sim 8$	ほとんどが星間空間に飛散	炭素爆発型超新星になる。
$8 \sim 30$	中性子星	鉄の中心核を形成、II 型超新星になる。
$30 \sim 100$	ブラックホール	同上

学、宇宙物理学では太陽に関する量を表すのに $\odot$ を添字につけることが一般的である。

　恒星の中心部の温度が十分に高くなってヘリウムの燃焼が始まると、次のような核反応が起こる。

$$^{4}\text{He} + {}^{4}\text{He} + {}^{4}\text{He} \to {}^{12}\text{C} \tag{3.1}$$

この反応によって発生するエネルギーは、$Q = 7.27$ MeV である。同時に炭素とヘリウムの融合反応、

$$^{12}\text{C} + {}^{4}\text{He} \to {}^{16}\text{O} \tag{3.2}$$

も進行し、恒星の中心部は ^{12}C と ^{16}O が主成分になる。

3.3　ヘリウムが燃え尽きた後の進化

　これまでの過程は比較的ゆっくりした反応であるため、数十億年から数十万年という長い時間のスケールで進化が進んでいく。しかし、この後の反応は激しい反応によって 1 年以内という、天文学的には極めて短い時間で進行する。

　恒星の質量が太陽の 4 倍以上 ($M > 4M_\odot$) の場合は、中心部が圧縮されて温度が上昇する。^{12}C と ^{16}O を主成分とする恒星中心部の温度が 8 億 K 以上になると、^{12}C の核融合反応が進む。$^{12}\text{C} + {}^{12}\text{C}$ 反応によっていったん ^{24}Mg が作られるが、これは極めて高エネルギーの励起状態であるため、核子を放出して崩壊する。その結果、次のような反応が起こる。

$$^{12}\text{C} + {}^{12}\text{C} \to \begin{cases} {}^{20}\text{Ne} + {}^{4}\text{He} + 4.617 \text{ MeV} \\ {}^{23}\text{Na} + {}^{1}\text{H} + 2.238 \text{ MeV} \\ {}^{24}\text{Mg} + 13.930 \text{ MeV} \end{cases} \tag{3.3}$$

この反応と、この反応によって放出された α 粒子や陽子が ^{12}C、^{16}O や ^{20}Ne などに捕えられてさらにさまざまな原子核が生成される。

　ここで、恒星の質量が $4M_\odot < M < 8M_\odot$ の範囲にある恒星は、炭素と酸素でできた中心部のコアが一気に反応する（もちろん化学反応ではないので二酸化炭素ができるわけではない）。この燃焼は極めて

激しく、恒星の大部分を破壊的に吹き飛ばしてしまう。この結果、超新星爆発として観測される。この超新星は I 型超新星に分類されている。炭素の燃焼が終わってもさらに中心部を圧縮することができる程度の重い星 ($8M_\odot < M < 12M_\odot$) は、中心部の温度を 20 億 K 近くまで上昇させて ^{20}Ne を燃焼させる。この反応では、

$$^{20}\text{Ne} + \gamma \rightarrow {}^{16}\text{O} + {}^4\text{He} - 4.730 \text{ MeV} \tag{3.4}$$
$$^{20}\text{Ne} + {}^4\text{He} \rightarrow {}^{24}\text{Mg} + \gamma + 9.317 \text{ MeV} \tag{3.5}$$

によって ^{16}O と ^{24}Mg が生成される。これらの反応によって、恒星の中心部は ^{16}O と ^{24}Mg が主成分となる。

恒星中心部の密度が高い場合は ^{20}Ne の反応よりも ^{16}O の反応が優勢になり、

$$^{16}\text{O} + {}^{16}\text{O} \rightarrow {}^{28}\text{Si} + {}^4\text{He} + 9.593 \text{ MeV} \tag{3.6}$$
$$\rightarrow {}^{31}\text{P} + {}^1\text{H} + 7.676 \text{ MeV} \tag{3.7}$$
$$\rightarrow {}^{31}\text{S} + {}^1\text{n} + 1.459 \text{ MeV} \tag{3.8}$$
$$\rightarrow {}^{32}\text{S} + \gamma + 16.539 \text{ MeV} \tag{3.9}$$

という反応が進む。この結果、恒星の中心部は ^{28}Si が主成分になる。

恒星の質量が $12M_\odot$ よりも大きい場合は、核融合反応の最終段階にまで進化することができる。それは鉄の合成である。鉄の合成は次の反応式に従って進んでいく。

$$^{28}\text{Si} + {}^{28}\text{Si} \rightarrow {}^{56}\text{Ni} + 10.919 \text{ MeV} \tag{3.10}$$
$$^{56}\text{Ni} + \text{e}^- \rightarrow {}^{56}\text{Co} + \nu_\text{e} \tag{3.11}$$
$$^{56}\text{Co} + \text{e}^- \rightarrow {}^{56}\text{Fe} + \nu_\text{e} \tag{3.12}$$

この反応はおよそ 1 日で進んでしまう。

最終段階の恒星は、中心から順に

1. 鉄の中心核
2. ケイ素の層
3. 酸素、ネオン、マグネシウムの層
4. 炭素と酸素の層
5. ヘリウムの層
6. 極めて大きく広がった水素の外層

からなる多層構造になる。

すべての原子核の中で、^{56}Fe は最も安定な核である。これは、^{56}Fe を作る過程の核反応では反応によってエネルギーを放出してきたが、^{56}Fe よりも重い原子核からはいかなるエネルギーも放出することができないことを意味する。恒星の中心部に ^{56}Fe が蓄積した恒星はこれ以上核融合反応によって熱を作り出すことができないため、中心部は冷えて重力によって再び圧縮される。この結果温度が上昇し、今度は上昇した温度によって原子核が壊れてしまう（原子核が "溶解する" と言う）。

鉄が溶解する反応は、

$$^{56}\text{Fe} + \gamma \rightarrow 13{}^4\text{He} + 4{}^1\text{n} - 124.4 \text{ MeV} \tag{3.13}$$
$$^4\text{He} + \gamma \rightarrow 2{}^1\text{H} + 2{}^1\text{n} - 28.3 \text{ MeV} \tag{3.14}$$

である。反応 (3.13) では、1 回あたり 124.4 MeV、反応 (3.14) では、1 回あたり 28.3 MeV のエネルギーを周囲から奪う。そのため、恒星中心部はさらに急激に冷却され、熱圧力と重力のバランスが完全に壊れ、重力が優勢になって重力崩壊に至る。

この結果恒星は破壊的に爆発し、超新星として観測される。この超新星は II 型超新星に分類される。最近では II 型超新星は 1987 年に大マゼラン星雲に発生し、1987A と命名された。大マゼラン星雲は地球からおよそ 14 万光年も離れているが、現代では極めて近いところで起こった超新星であったため非常に重要な超新星として知られている[*1]。

ちょうどこのころ、世界では多くの最先端観測装置が稼働しており、極めて詳細なデータを集めることができた。日本の Kamiokande は非常に強烈なニュートリノの信号を観測し、ニュートリノ天文学の始まりとして当時 Kamiokande のリーダーであった小柴昌俊氏が Davis 氏と共同で 2002 年のノーベル物理学賞を受賞した。

3.4 超新星の分類

超新星 (Super nova) とは、今まで明るい恒星が見られなかったところに突然明るい星が現れ、数週間から数か月の間輝き続ける現象である。このため、古代からいろいろな現象の前兆と考えられ、かなり詳しい記録が残されている。見た目は確かに「新しい」星のように見えるが、恒星の進化の章で解説してきたように超新星は恒星の最後の姿である。現在超新星は大別して 2 つの型に分類されていて、それぞれ I（イチ）型、II（ニ）型と呼ばれている。それぞれの型もさらに細かい分類がなされている。I 型と II 型の大きな差は、観測される光度変化の様子と、光の波長スペクトルの違いに見られる。超新星の型分類を表 3.2 に示す。

3.5 I 型超新星

I 型の超新星は、超新星から発せられる光の中に水素の輝線もしくは吸収線がないことが特徴である。さらに、I 型の中で Si の吸収線が強いものを Ia 型、ヘリウムの輝線が強いものを Ib 型、それら以外のものを Ic 型と細分類している。Ia 型超新星は、その発生過程が理論的によく理解されてきたため、遠方の銀河の距離を測るという宇宙論の観測にとって極めて重要な役割を担っている。

Ia 型超新星が最も明るくなった時の絶対光度は、図 3.1 の左側に示すように、超新星によってまちまちに見える。Ia 型超新星の最大光度が、明るさの減衰率と関係していることが 1990 年代後半に経験的に明らかになった。最も明るい時の絶対光度が明るい超新星はゆっくりと暗くなっていき、暗いものは速く暗くなってしまう。したがって、発見された超新星の光度変化を調べれば超新星が最も明るくなった時の絶対光度を補正して計算することができるため、図 3.1 の右に見られるように超新星ごとの最大光度に差異は見られなくなる。

天文学において、絶対光度が等しい天体は標準光源として重宝がられる。既知の絶対光度を持つ天体の見かけの光度からその天体までの距離を精密に測定することができるためである。

Ia 型超新星が最も明るくなった時の絶対光度は、平均的な銀河系の絶対光度に等しいため、どんなに

[*1] 筆者はこのとき大学 3 年生で、日々この超新星の情報をワクワクしながら聞いていたものである。その 1 年後、大学院入試で超新星ニュートリノのことが問題に出たので結構余裕で問題を解いたつもりである。実際に何点とれたかは本人の知る由ではないが・・・。

表 3.2　超新星の分類表

特徴・分類	I 型			II 型	
	Ia	Ib	Ic	II-L	II-p
H 輝線の存在	×	×	×	○	○
He 輝線の存在	△	◎	△	△	△
Si 吸収線の存在	○	×	△	△	△
絶対光度	−20	−18	−18	−18 以上	−18 以上
2 等級減光する のにかかる時間	30 日	30 日未満	30 日未満	70 日	70 日
減光停滞 (プラトー)	なし	なし	なし	なし	30〜100 日
爆発した元の星	種族 II 近接連星系 の白色矮星	種族 I ウォルフ・ ライエ星	種族 I 近接連星系の He 星	種族 I 質量が太陽の 6〜8 倍の星	種族 I 質量が太陽の 8 倍以上の星
銀河 1 個あたりの 頻度	300 年に一度			100 年に一度	
スペクトルの特徴	帯状スペクトル			新星に類似、Hα、Hβ の輝線	
発生場所	すべての型の銀河			渦巻銀河、特に腕の部分 楕円銀河では未発見	
放出されるガスの量	$0.1M_\odot$			$10M_\odot$	
超新星のでき方	炭素爆発による	重力崩壊による			

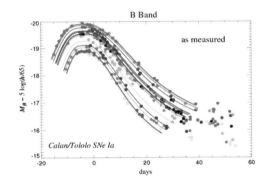
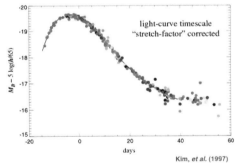

図 3.1　**Ia 型超新星の光度変化**
左は観測されたままのデータ。右は減衰定数で補正した光度の変化。縦軸は絶対等級を表す。LBLN
の A.Kim 氏の発表資料に掲載の図。　http://snap.lbl.gov/

　遠方の銀河であってもその銀河に発生した超新星を観測することができる。表 3.2 に示すように 1 つの
銀河に発生する超新星の頻度は数 100 年に一度であることから、当初は超新星を用いた距離の測定方法
は注目されていなかった。しかしながら、1990 年代に入ってから人工衛星軌道に打ち上げられた専用の
天体望遠鏡による観測を行うようになると、1 年に 400 個以上の超新星が発見されるようになった。単
純な確率の問題で、多数の銀河を撮影するほど超新星を発見する期待値が大きくなるので、1 年間に数万
個の銀河を調査すれば 1 年間で数百個の超新星を発見することは容易である。

　Ia 型超新星は、宇宙の構造を観測するうえで極めて重要な役割を担うようになり、多数の観測がなされているが、その発生機構は最近まで明らかではなかった。1980 年代までは、超新星の観測数が少なかったため、データの不足が大きな原因である。しかし、最近は豊富なデータが集められて、Ia 型超新星の発生機構が明らかになりつつある。東京大学の蜂巣氏らのグループは、連星系の進化を理論的に考察し、Ia 型超新星の発生機構を明らかにした。

　Ia 型超新星は単独の恒星ではなく、2 つの恒星が互いに回りあっている連星系の一方が爆発してできると考えられている。宇宙には 2 つの恒星が互いに公転しあう連星系は多数ある。連星系の一方の恒星が早く進化してしまい、白色矮星になってしまうと、もう一方の恒星から物質を徐々に吸引し始める。白色矮星の表面には連星の相手の恒星から物質が供給されて、時々表面で核反応が暴走することがある。これは新星 (nova) と呼ばれる現象である。いくつかの新星には爆発を繰り返すものがあり、その周期は蜂巣氏らの理論計算とよく合致している。白色矮星に質量が降着し、太陽質量の 1.4 倍を超えると白色矮星の内部で重力エネルギーによって核反応の暴走が始まり、白色矮星を破壊する規模の爆発が起こる。このようにして Ia 型超新星が発生すると考えられる。

3.6　II 型超新星

　II 型超新星には最大光度付近で観測されるスペクトルに、水素の輝線あるいは吸収線が見られる特徴がある。II 型超新星の光度変化は少々複雑で、減衰が一時留まって光度が変化しなくなる時期が数日続くことがある。光度変化のグラフで台地状の形になることから、この時期をプラトー (plateau) と呼ぶ。このような光度変化をする超新星は II-P 型と分類されている。一方、光度が単調に暗くなっていく II-L 型も存在する。

　II 型超新星は恒星の進化の最終段階まで達してしまった恒星の爆発で、恒星中心核の ^{56}Fe が熱を吸収して崩壊することがきっかけとなって起こる (反応式は式 (3.13) 参照)。外層部分では発生した熱によって核融合反応が暴走し、原子核に中性子が次々に吸収されて質量数の大きい原子核が多数作られる。このときに作られた原子核はほとんどが不安定であり、すぐに崩壊を繰り返して安定な原子核を生成する。現在宇宙に存在する重元素（鉛やウランなど）はこれら II 型超新星の爆発によって作られたと考えられている。

　II 型超新星の中心核では中性子星が形成され、その外側では大量の中性子が原子核に次々に吸収されて重い原子核を作っていった。これまでの話では、^{56}Fe より重い銅、金や鉛といった重い原子核はどのようにして作られたのか疑問に思う人がいるかもしれない。通常の恒星内部では ^{56}Fe よりも重い元素は作れなかったはずであることを思い出そう。恒星内部では ^{56}Fe に中性子が吸収され（中性子捕獲）て β 崩壊を経ながら少しずつ重い原子核を作っていくことができる。この過程は、He 燃焼の時代に徐々に進んでいくので s 過程（s-process）、と呼ばれている。s は slow を意味している。s 過程で ^{209}Bi までの原子核を合成することが可能である。

　II 型超新星の内部では、もっと多量の中性子や陽子が飛び交っているため、崩壊をする前に次の中性子や陽子を捕獲する。このため、わずか数十秒から数百秒の間に多量の中性子や陽子を含んだ不安定な原子核が多数作られる。これらの原子核が後に U（ウラン）や Th（トリウム）という極めて重い原子核を作ることができる。この過程のうち、中性子を次々に吸収する過程を r 過程 (r-process)、陽子を吸収する過程を p 過程 (p-process) という。r は rapid、p は proton を意味している。r 過程と s 過程は速く進む反応とゆっくり進む反応の違いで命名されている。

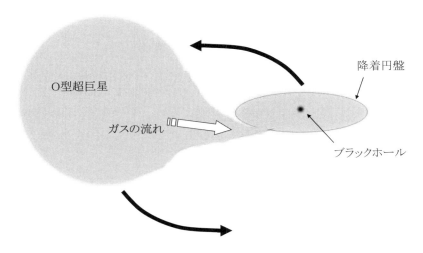

O型超巨星

ガスの流れ

降着円盤

ブラックホール

図 3.2 **X 線連星 Cyg-X1（白鳥座 X-1）の想像図**
O 型の青色超巨星とブラックホールが連星系を作っている。

3.7 中性子星・ブラックホール

恒星進化の最終段階で、核反応によるエネルギー生成が止まってしまうと、天体は外界にエネルギーを放出しながらそれ自身の温度を下げていく。太陽質量の 3 倍よりも小さい天体は、天体のほとんどの質量を外界に放出してしまうため、白色矮星と呼ばれる天体になる。重い恒星が、進化の最終段階で恒星の表層部分をほとんど吹きとばしたあと、中心核の質量が充分な質量であった場合には、中性子星やブラックホールになりうる。

中心核の質量が太陽質量の 1.44 倍（チャンドラセカール限界）以上では、原子は壊れてしまい、陽子と電子が独立に存在することもできなくなって、$p+e^- \rightarrow n+\nu_e$ という逆 β 崩壊反応によって中性子を大量に作る。この反応によって、天体のほとんどが中性子でできた中性子星ができる。中性子や陽子、電子などの素粒子は、パウリの排他原理という法則が働く。パウリの排他原理によって、中性子は同じ状態 (場所も含む) に 2 個以上の中性子が存在することができない。中性子星は、通常の恒星のように高温による圧力でその形を維持しているのではなく、パウリの排他原理に基づく反発力でその形を維持している。中性子星の密度はおよそ 10^{15} g/cm^3 である。これは原子核の密度と同じである。このため、中性子星は巨大な原子核のようなものであると考える人もいる。

ブラックホール自身は光を発することができない（だからブラックホールと呼ばれている）ので、それらを見つけることはできないように思われる。このようなブラックホールでも、通常の恒星と連星系を作っている場合は見ることができる。連星系を作っているブラックホールには、恒星から大量の物質が流れ込んでいく。この物質がブラックホール周辺で重力エネルギーによって加熱され、その熱によって X 線を放射する（図 3.2）。有名な白鳥座 X-1 は、1962 年に発見された X 線連星で、太陽の 30 倍程度の質量を持つ青色超巨星と太陽の 10 倍程度の質量を持つブラックホールが公転周期 5.6 日で回っている。

ブラックホールを理論的に厳密に取り扱うには一般相対性理論の知識が不可欠なので、意欲ある読者はぜひ一般相対性理論の本をきっちりと読破して理解していただきたい。ブラックホールに関する一般

相対性理論の重力に関する方程式は、それを正しく解くと名前が付くほど難しい問題なのであるが、そのうちシュバルツシルト (K.Schwarzschild, 1873-1916) が世界で最初の特殊解をみつけた。これは、回転していない、電気、磁気を帯びていないという特殊な条件で解いた解である。しかし世界で初めてブラックホールの存在を予言した解であることから現在でもその名を残している。シュバルツシルト解は一般相対性理論の知識がなくても求めることができる。非常に単純化された条件のために古典力学で解を求めることができるのだ（もちろんシュバルツシルトは一般相対性理論を用いて解を得た）。

　質量 M の天体が中心の一点に集中した状態で静止していると仮定する。天体の中心から距離 R 離れた質量 m の物体が、天体の重力から完全に逃げ出すことができるために必要な速度を脱出速度という。脱出速度を v_{esc} と表すと

$$\frac{1}{2}mv_{\text{esc}}^2 = G\int_R^\infty \frac{Mm}{r^2}dr \tag{3.15}$$

となる。脱出速度が真空中の光速 c を超えてしまうと、その天体から脱出できる物体はなくなってしまう。光でさえもその天体から脱出できないのでブラックホールと呼ばれるのである。質量 M の天体がブラックホールになる条件は、式 (3.15) において $v_{\text{esc}} = c$ となる半径の内側に天体の全質量が集中することである。この半径を r_{g} とおき、シュバルツシルト半径と呼ぶことにする。r_{g} は簡単に求めることができ、

$$r_{\text{g}} = \frac{2GM}{c^2} \tag{3.16}$$

となる。半径 r_{g} の球面よりも内側で起こった現象は外部から観測することができないため、この球面を事象の地平面と呼んでいる。

　　相対性理論およびブラックホールの専門書では、数式を簡単にするため $G = c = 1$ という単位系を使っている。まったく異なる値を持つ定数を同じ 1 という値にしてしまうので、初学者は驚くと思うが、数式を展開するときに楽なので、慣れてしまうと元に戻れない。実際の数値を求めるときには単位をつけて計算する。そうすると、求めたい物理量に対して余分な単位がついてくるので、それを消去するように G と c をかけたり割ったりすれば正しい物理量を求めることができる。本書は入門書なので独特の単位系は使わないようにしている。そのため、数式が少々ややこしいように見えるかもしれない。

　興味深いことに、事象の地平面では時間の進みが止まってしまうように観測される。遠方の観測者がブラックホールに落ちていく物体を観測していると、事象の地平面に近づくに従って赤方偏移が大きくなってくる。これは物体から発せられた光の振動数が小さくなることであり、遠方の観測者からみた物体の時間の進みが遅くなっていくことを示す。

　事象の地平面に達する頃には赤方偏移は無限大に限りなく近づき、事実上観測することは不可能になる。一方、落下する物体は事象の地平面を難なくすり抜けてブラックホールの内部に入るであろう。ただし、その後はどんなに頑張ってもブラックホールの重力から逃れることができず、最終的にブラックホールの中心部に存在するであろう時空の特異点に達する。時空の特異点とは、重力の強さが計算上無限大になってしまう点で、その場所ではいかなる物理法則も成り立たない。詳しくは後で述べる。

3.8　ブラックホールの時空

　ブラックホール近傍の時空構造を理解するには一般相対性理論の知識が必要である。しかしながら、この理論はあまりにも難しいので本書ではその結果だけを簡単に紹介する。詳しくは最後に紹介している参考書を読んで頂きたい。

　一般相対論では時空は変化に富み、例えて言うならば、時空は堅いコンクリートのような地面ではなく、フワフワのゴムでできたトランポリンのようなものである。時空は重力によって曲げられ、ときにはちぎられてしまう。そして光は曲げられた時空を曲がったなりに進む、曲がった道でも「その道をまっすぐ行ってね」と言うのと同じである。光が重力によって曲げられる結果、ある天体と観測者の間に重力源（重い天体）が存在すると天体からの光が曲げられてその見かけの位置が移動する。このことははじめ相対性理論の計算によって予言され、1919 年に皆既日食を利用して太陽という重力源によって遠方の恒星の位置が太陽が無いときに比べて移動して観測されることが確認された。

　ブラックホール周辺の現象について詳しく知るためにまず光の動きを図に表す方法を説明しよう。光は慣性系の中では光速 c で直進する。一点から四方八方に放出された光は 3 次元空間を球面上に拡散していく。光が一点から放出された瞬間から時間 t 経過した時に光が到達している位置 (x, y, z) の関係は球面の方程式

$$x^2 + y^2 + z^2 = c^2 t^2 \tag{3.17}$$

で表すことができる。空間 3 次元と時間 1 次元の 4 次元空間を紙や黒板に表すことは不可能なので通常は空間の次元を一部省略して描く。例えば縦軸に時間軸 ct、横軸に位置座標 (x, y) を表示すると図 3.3 のような図を描くことができる。図 3.3 に時間の経過（縦軸）とともに拡がっていく光の進路を赤で示した。左 (A) は重力の無い状態で、光源から等方的に光が拡がっていくことがわかる。一方重力源が左に存在する場合の進路を右 (B) で示した。重力によって光の進路が変わることを示している。通常の物体は光よりも低速で運動するため、その運動を線で表すと光で作られた円錐 (光円錐という) の内側に描かれる線 (世界線という) 上を運動する。

3.8.1　シュバルツシルト時空

　ブラックホール近傍の時空構造について本題に入ろう。ブラックホールにはいくつかの種類がある。これはブラックホールのもとになる天体によって与えられる初期値によってアインシュタイン方程式の解が変わるからである。最も簡単な例は回転していない球対称のブラックホールであり、シュバルツシルト解と呼ばれている。このようなブラックホールは事実上存在し得ないが、より複雑な条件を考えるときの第一ステップとして非常に良い。複雑で現実的な条件としては回転しているブラックホールがある。回転しているブラックホールの解はカー解と呼ばれている。

　シュバルツシルトブラックホールでは、ブラックホールの中心に近づくに従って重力が強くなっていく。中心部では重力の強さ、空間の曲率が無限大になってしまう、無限大という数からは意味のある量を求めることができないため、ブラックホールの中心部では物理学は破綻していて何も予言できるものはない。このような点のことを時空の特異点と呼ぶ。中心からの距離 $r_g = 2GM/c^2$ の面では、脱出速度が光速に達し、r_g より内側の領域は外部の観測者からは見ることができない。中心から半径 r_g の球面を事象の地平面という。このことから、我々が時空の特異点を直接見ることはない。

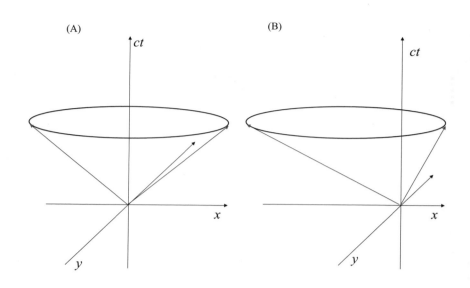

図 3.3　光円錐の様子
左 (A) は重力・加速度が無い系における光円錐。右 (B) は重力・加速度がある系における光円錐。

　さて、シュバルツシルト型ブラックホールの時空構造を簡単に図示してみよう。図 3.4 にブラックホール近傍における光の進路を描いている。図では時間が下から上に向かって経過していくように描いている。左端にある破線は時空の特異点、赤線は事象の地平線、緑の斜線はブラックホールの内側へ向かう光の進路、黒の曲線はブラックホールの外側へ放たれた光の進路を表す。事象の地平線よりも内側では外側に向かって放たれた光も事象の地平線を超えて外側に出ることができず、中心に向かって落ち込んでいくことがわかる。内側に向かう光と外側に向かう光で作られる光円錐はブラックホールに接近するに従って変形していき、事象の地平線上では地平線に沿って内側に傾いた光円錐になる。ブラックホールに落ち込む物体は光円錐の内側に沿って進行し、中心部にある時空の特異点に落ち込んでいくのである。

3.8.2　カー時空

　ブラックホールが回転している場合の様子はニュージーランドの数学者ロイ・カー (1934-) が数学的に見いだした解によって表すことができる。ブラックホールが回転しているので角運動量が、

$$J = aM \tag{3.18}$$

で与えられる。ここで M はブラックホールの質量である。a は長さの単位を持っているが、

$$a^* = \frac{a}{M} \tag{3.19}$$

を使えば、ブラックホールの地平面の外側に特異点が現れないという条件から $-1 \leq a^* \leq 1$ という制限が課される。

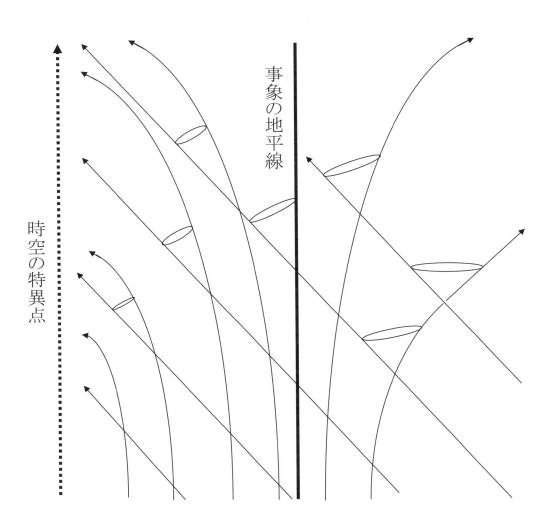

図 3.4　ブラックホール近傍の光の進路

　ブラックホールの時空は次の式を使って理解することができる。一般相対性理論では、時空のゆがみ
を 2 点の距離を表す ds の中で表現する。考え方の概略は付録の A.3 を読んでいただきたい。

$$ds^2 = -g_{tt}dt^2 - g_{t\phi}dtd\phi + g_{rr}dr^2 + g_{\theta\theta}d\theta^2 + g_{\phi\phi}d\phi^2 \tag{3.20}$$

ここで $g_{\mu\nu}$ は時空の計量テンソルで、座標系の取り方でいろいろな形になる。詳しい導出や性質につい
ての深い議論は本書巻末の参考図書を読んでいただくとよい。計量テンソルの形はこれ以降の説明で理

解の助けになるので紹介しておく。

$$g_{tt} = 1 - \frac{2Mr}{\rho^2} \tag{3.21}$$

$$g_{t\phi} = \frac{4Mar\sin^2\theta}{\rho^2} \tag{3.22}$$

$$g_{rr} = \frac{\rho^2}{\Delta} \tag{3.23}$$

$$g_{\theta\theta} = \rho^2 \tag{3.24}$$

$$g_{\phi\phi} = \frac{\Sigma^2}{\rho^2} \tag{3.25}$$

いろいろな記号が出てきたが、それぞれの定義は下記のようになる。

$$\rho^2 = r^2 + a^2\cos^2\theta \tag{3.26}$$

$$\Delta = r^2 - 2Mr + a^2 \tag{3.27}$$

$$\Sigma = \left(r^2 + a^2\right)^2 - a^2\Delta\sin^2\theta \tag{3.28}$$

ここまでの式では、回転軸の方向を z 方向にとり、ブラックホールの中心からの距離を r、回転軸とのなす角を θ としている。また、計算の見た目をすっきりさせるために

$$G = c = 1 \tag{3.29}$$

として文字数を減らしている。この節ではこれまで出てきた時空の計量に関する式を、多くの相対性理論やブラックホールの教科書で使われている $G = c = 1$ の単位系で書き表してきた。ただし、初学者にとっては不慣れかと思われるので、以降の説明では G と c を入れた形で書き表すことにする。以降の式で G と c を省略した形を書いてみれば、その方が式の展開が圧倒的に楽であることを実感できると思う。

カー・ブラックホールのいくつかの気になる場所について考察する。式 (3.20) の $g_{\mu\nu}$ の各項をじっと見てみると、r の値によって $g_{\mu\nu}$ が無限大になってしまう位置があることがわかる。その位置 r についてこれから解説していく。

$g_{\mu\nu}$ が発散するのは g_{rr} において $\Delta = 0$ となる点である。

$$\Delta = r^2 - 2\frac{GM}{c^2}r + a^2 = 0 \tag{3.30}$$

を満たす r は

$$r_{\pm} = \frac{GM}{c^2} \pm \sqrt{\left(\frac{GM}{c^2}\right)^2 + a^2} \tag{3.31}$$

となる。$r_{\pm}$ のうち大きい方が外部の観測者に面している時空の地平面となり、r_{h} として

$$r_{\mathrm{h}} = \frac{GM}{c^2} + \sqrt{\left(\frac{GM}{c^2}\right)^2 + a^2} \tag{3.32}$$

がカー・ブラックホールの地平面である。小さい方の解も時空の地平面を表すことになるが、その外側に r_{h} があるため、遠方にいる観測者からは観測不可能な面である[*2]。ブラックホールが回転していない状態は $a = 0$ で、この場合はシュバルツシルトの地平面を表す式 (3.16) に一致する。

[*2] 二次方程式の2つの解、r_{+} を外部地平面、r_{-} を内部地平面と呼んでいる本もある。

カー・ブラックホールに見られるもう一つの特徴的な場所は、

$$\rho^2 g_{tt} = r^2 - \frac{2GM}{c^2}r + a^2 \cos^2\theta \tag{3.33}$$

がゼロになる点である。上の式を r について解いて大きい方を採用すると

$$r_{\text{ergo}} = \frac{GM}{c^2} + \sqrt{\left(\frac{GM}{c^2}\right)^2 + a^2 \cos^2\theta} \tag{3.34}$$

が得られる。

r_{ergo} と r_{h} の間の領域を**エルゴ領域**と呼ぶ。エルゴ領域の形を図 3.5 に示す。図では、中心から上に描いた直線を回転軸として自転しているブラックホールとなっている。自転軸の北極と南極に相当する部分は、回転の影響がないためシュバルツシルトの解と同じになり、エルゴ領域は見られない。

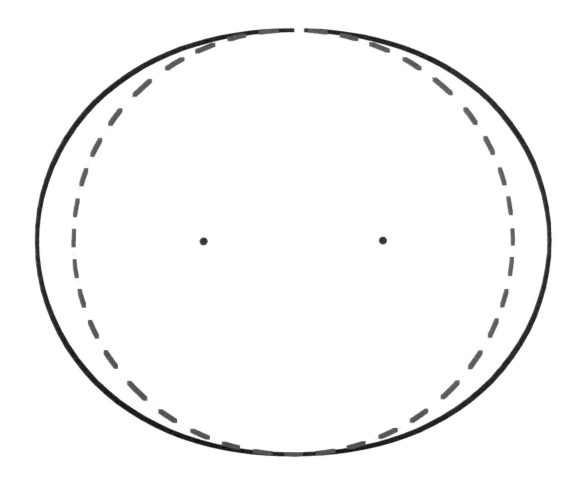

図 3.5　カー・ブラックホールの構造断面図。実線と破線に囲まれた領域がエルゴ領域、破線は事象の地平面 (外部地平面) を表す。中央付近にある 2 つの点は、リング状になっている時空の特異点。

r_{ergo} より遠方にある静止した物体から発する光は、物体の位置が r_{ergo} に近づくにつれて重力による赤方偏移が無限大になる。このことから r_{ergo} は事象の地平面の様に見えるが、ここより内側にも回転し続ける系が存在し、r_{ergo} よりも内側にある物体から物体や光を放出することが可能である。このことから r_{ergo} より内側から外側にエネルギーを取り出すことができるとされている。そのため、物理の「仕事」を意味するエルゴ領域と呼んでいる。

例として、宇宙線などの素粒子が遠方からエルゴ領域に入って崩壊したと考える。崩壊した素粒子の片方が事象の地平面の内側に落ち込んでもう一方がエルゴ領域の外に出て行った場合、外に逃げ出した粒子の運動エネルギーは、はじめに入射した粒子のエネルギーよりも大きくなる。この現象はペンローズによって理論的に明らかにされた。ブラックホールが回転していることによって起こる現象である。

カー・ブラックホールにおける時空の特異点は、ρ^2 が 0 になる点である。式 (3.20) のいくつかの項で分母に ρ^2 があることから予想がつく。

$$\rho^2 = r^2 + a^2 \cos^2 \theta = 0 \tag{3.35}$$

より、$r^2 = 0$ かつ $\cos^2 \theta = 0'$ という解が得られる。$\cos \theta = 0$ であることから $\theta = \pi/2$ なので、回転軸から 90° 離れた位置、つまり赤道上に特異点があることがわかる。$r^2 = 0$ については注意が必要である。一般相対性理論では、さまざまにゆがむ時空の構造を計算しやすくするために、時空の構造ごとに扱いやすい座標系を使う。ここでは直角座標系 (x, y, z) と r の関係に

$$r^4 - (x^2 + y^2 + z^2 - a^2)r^2 - a^2 z^2 = 0 \tag{3.36}$$

があることを使う。この関係が成り立つのはカー・シルト座標系という座標系の場合である。上の式から r^2 を求めると

$$r^2 = \frac{(x^2 + y^2 + z^2 - a^2) \pm \sqrt{(x^2 + y^2 + z^2 - a^2)^2 + 4a^2 z^2}}{2} \tag{3.37}$$

となる。式 (3.35) の条件から $z = 0$ が要求され、

$$x^2 + y^2 = a^2 \tag{3.38}$$

となる。これは半径 a の円を表す方程式なので、カー・ブラックホールの特異点は半径 a の円周上に存在することがわかる。

3.8.3　ブラックホールの性質と分類

これまで2種類のブラックホールについて概略を説明してきた。ブラックホールを分類するためにはどのような違いを見つければよいだろうか。通常の恒星であれば質量や表面温度などさまざまな分類方法がある。しかし、ブラックホールには本体の情報がすべて事象の地平面の内側に密封されているため、外部から観測できる情報は**質量**、**電荷**および**角運動量**という3つの物理量でしか区別することができないことが証明されている。この事実を、ブラックホールに生えている毛が質量、電荷と角運動量の3本しかない、ということから無毛定理 (no hair theorem) と呼ぶ

ブラックホールの形は、自転の有無によって事象の地平面の外側にエルゴ領域が現れることがカー解によって明らかになった。もう一つの電荷による影響では事象の地平面に対する解が2つ現れる。これは自転している場合のカー解で現れる2つの解と同じ性質である。そのため、自転しているブラック

ホールの時空はすべてカー解と同様の性質をもつことが示された。これをブラックホールの唯一性定理、もしくは一意性定理と呼ぶ。

観測精度の向上によって、さまざまな質量のブラックホールがあることがわかってきた。ブラックホールの大きさとしてシュバルツシルト半径 r_{g}、ブラックホールの質量を M とすると式 (3.16) から、太陽質量 $M_{\odot}$ を基準として次の式を得る。

$$r_{\mathrm{g}} \simeq 10^5 \left(\frac{M}{M_{\odot}} \right) \ \mathrm{cm} \tag{3.39}$$

典型的な半径 r_{g} がわかれば密度 ρ は

$$\rho \simeq 10^{17} \left(\frac{M}{M_{\odot}} \right)^{-2} \ \mathrm{g\ cm^{-3}} \tag{3.40}$$

であることが示される[*3]。ブラックホールの密度はその質量の2乗に反比例するので、大質量のブラックホールは密度が小さくなり、太陽質量の1億倍程度という巨大ブラックホールの場合は密度は水の密度程度になる。

ブラックホールが理論的に考案された頃は、恒星進化の最終形態として重力崩壊が起こって作られると考えられていた。そのようなブラックホールは多数観測され、**恒星質量ブラックホール**と呼ばれている。恒星質量ブラックホールの質量は、ブラックホールの周囲を恒星が公転している連星系の場合に求めることが可能で、太陽質量の3倍から13倍程度の恒星質量ブラックホールは、これまで我々の銀河系内に20個程度見つかっている。

太陽質量の数百万倍以上の質量をもつブラックホールは、**超大質量ブラックホール**、もしくは**超巨大ブラックホール**と呼ばれている。我々の銀河系の中心部 (夏の天の川がひときわ濃くなっている、射手座のあたり) にある SgrA* の質量は、その近くを公転していると考えられる恒星の運動を観測して測定され、太陽質量の $(3.7 \pm 0.2) \times 10^6$ 倍であると報告されている。

3.9 裸の特異点と特異点定理

時空の特異点は、物理法則が破綻している点である。重力の強さ、空間の曲率などが無限大になっており、物理学的に定量的な議論ができない点である。このような特異点は我々の周囲にあったらどうなるであろうか。その周囲では何か予想もつかない現象が起こっているに違いない。時空の特異点が我々の世界にむき出しになっているものを裸の特異点と呼ぶ。裸の特異点は現在まで1つも見つかっていない。このことから、時空の特異点は事象の地平線によって囲まれており、我々が直接見ることができないという説をペンローズやホーキングが主張した。これは宇宙検閲官仮説もしくは特異点定理と呼ばれている。

実際に特異点定理が成り立っているかどうかはまだ検証されるべき状況にある。ある特殊な条件で数値シミュレーションをした結果では裸の特異点が現れるような現象が報告されている。そのような裸の特異点では、小さな領域で時空が特異な状況にあるため、一般相対性理論のみで考えることはできなくなる。すなわち、一般相対論と量子論を組み合わせた量子論的相対論を用いて議論しなければならない。現在多くの理論物理学者がこの問題の解決に取り組んでいる。

[*3] 桁の議論をしているので 10^{17} の前につく数は全部 1 と同じ、としてしまえば良い。

3.10 ブラックホールの観測

3.10.1 ブラックホールの撮影

2019 年の 4 月に、超巨大ブラックホールの撮影に成功するという報告が世界を驚かせた (詳
EHT-Japan のホームページ、https://www.miz.nao.ac.jp/eht-j/)。地球から 18 Mpc 離れた M8
3.6) という銀河系の中心部に位置する超巨大ブラックホールを、地球半径に相当する VLBI を構
て観測することに成功した。VLBI の方法は次の 4.2 章で説明するが、今回の観測では、チリ (A
と ALMA)、スペイン (30-M)、ハワイ (JCMT と SMA)、メキシコ (LMT)、アリゾナ (SMT) と南
(SPT) に設置された大型の電波望遠鏡を組み合わせて超長基線干渉計 (VLBI) を作っている。この
は Event Horizon Telescope (EHT) と命名され、直径 10 000 km の基線長 (望遠鏡の口径に相当す
観測をした。M87 はおとめ座にある銀河系のため、南極点にある SPT は直接観測ではなく較正用の
を観測する形で参加している。

図 3.6 口径 113 cm の光学望遠鏡で撮影された M87。ほぼ円形の天体中心から右上方向にジェット
噴射が見えているのがわかる。提供：阿南市科学センター (今村和義氏)

M87 の中心部には超巨大ブラックホールがあると考えられており、中心部から巨大なジェット

する様子が観測されている (図 3.6)。ジェットの規模などから中心部の超巨大ブラックホールの質量は太陽の 32 億倍か 64 億倍という極めて巨大な天体であることがわかっていた。

ブラックホールの大きさは、映画やアニメで見られるイメージよりも小さく、我々の銀河系中心部にある超巨大ブラックホールでも式 (3.39) から、4×10^6 km 程度であることがわかる。太陽の半径が 6.955×10^5 km なので、超巨大ブラックホールであっても平均レベルの恒星の 10 倍程度しかないことがわかる。十分に大きく、かつ距離が近いということで、我々の銀河中心の SgrA* と M87 の観測が検討された。SgrA* は、時間変動が激しいことと地球との間にある別のプラズマガスによる電波の散乱があるため、データ解析を慎重に進めているとのことである (2019 年 4 月の発表資料より[4])。M87 の超巨大ブラックホールについては図 3.7 のようなリング上のイメージを作り出すことに成功した。

図 3.7　M87 中心部の超巨大ブラックホール画像 (EHT Collaboration 提供の画像をグレースケール化した)。

事象の地平面より少し離れたところを通る光は、ブラックホールの重力によって経路を大きく曲げられる。そのため、降着円盤から出た光は事象の地平面の周囲を回るように進み、遠方からは見えない部分が生じる。遠方から見えない部分は**ブラックホールシャドウ**と呼ばれている。ブラックホールシャドウの大きさは事象の地平面の 2.5 倍になり、M87 中心部の超巨大ブラックホールの場合は 1.5×10^{13} km= 1000 AU となる。比較のために身近な天体の距離を紹介すると、最も遠い惑星である海王星の軌道半長径は約 30 AU である。太陽系のスケールとしては十分大きいが、遠方の天体としてはごく小さい。EHT の角度分解能は 20 マイクロ秒と極めて高く、この構造を観測することができた。

図 3.7 の円環は、ブラックホールの重力によって進む光が地球の方向に曲げられてレンズの様に集中した結果明るく観測された光である。$2.5 r_g$ よりも近くに進入した光はブラックホールから逃げられず、地球には光が届かないため暗くなってしまう。この効果はシミュレーションによって確認された。

---

[4] https://www.nao.ac.jp/news/sp/20190410-eht/faq.pdf

第 II 部

宇宙の構造と進化

第 4 章

宇宙の広さ

4.1　はじめに

　宇宙の構造を議論する上で、天体までの距離を正しく知ることは最も重要な課題である。しかし、人類はまだ宇宙の中を本格的に旅したことはない。せいぜい地球の周りを回って月までようやくたどり着いただけである。このような人類が広大な宇宙の構造を議論していることは驚嘆に値する現象であるし、困難な課題であることは事実である。しかし、宇宙の構造は、人類の歴史が始まって以来ずっと疑問に思われ続けたことのようで、実に多くの考えが何千年も前から提案され続けている。

　地球から月、太陽や多くの惑星までの距離を正確に測ることも容易なことではない。太陽や夜空に輝くすべての星は、ほんの百数十年前までは今考えられているような遠い所にあるとさえ考えられていなかった。

　　　　晴れた夜中に庭で子供が棒を振り回している。親がそれを見て、
- 親：おい。こんなところで何棒っきれ振り回してんだ！？
- 子：あんまりお星様が綺麗で、落っこちてきそうだからさ、棒で落としてやるんだ。
- 親：バカヤロー。そんな所で振り回したって届くわけねえだろう！　屋根の上に上れ！

といった小咄があるくらいに、星がどのくらい遠くにあるかわからなかった[*1]。

　我々の太陽系から比較的近い距離にある恒星でも、その位置を測るには 1 秒という角度を測定できなければならない。角度は度、分、秒でその大きさを表し、1 度は 60 分、1 分は 60 秒である。したがって 1 秒は 3 600 分の 1 度ということになる。ちなみに、月（満月）と太陽の見かけの大きさは直径で約 30 分である。月夜の晩に月を眺めて 30 分の大きさを改めて体感してみるとよい。

　昔は恒星や遠方の銀河までの距離を表す単位に「光年」という単位を用いていた。光の速さは宇宙で最も速く、秒速 299 792 458 m なので光が進む距離を単位にすると宇宙空間のような大きな距離を表すのに便利である。1 光年は 1 年に光が進む距離で 9.4605285×10^{15} m である。一般には受けいれられやすいようで、専門書以外の書物で天体の距離は光年で示されていることが多い。専門書では年周視差で測定された距離の単位であるパーセクを使うのが一般的である。

[*1] 昔は本当に手に届きそうなほど星の輝きが強かった。最近は街の明かりが強くなって、田舎に行っても綺麗な星空に出会えることが少なくなった。

4.2　年周視差

　太陽系に近い天体の距離は年周視差を利用して測る。同じ天体を半年おいて観測すると、その見かけの位置が異なる。これには 2 つの理由があり、1 つは光行差、もう 1 つが年周視差である。

　光行差は、地球の公転運動のために星の光が地球の進行方向に対して前方から来ているように見える現象である。図 4.1 にその原理を図示する。雨が降る中を走っている場合、雨は上から垂直に降ってく

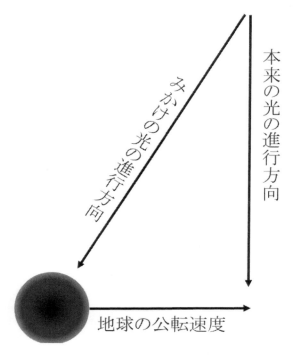

図 4.1　光行差の概念図

るのではなく、進行方向に対して前方の斜め上から降ってくる。これと同じように、宇宙からやってくる恒星の光は、地球の進行方向に対して前方に傾いてやってくるように見える。地球は太陽の周りを 1 年で 1 周するように回転しているので、半年ごとに恒星の位置を観測するとその位置が移動しているように見える。この観測によって、地球が太陽の周りを回っていること（地動説）と、光が有限の速さで進むことが確認された。

　年周視差は、地球が太陽の周りを公転しているために、同じ恒星の見かけの位置が周期的に変化する現象である。光行差は恒星の距離に関係なくすべての星に対して同じ方向、同じ角度で変動するのに対し、年周視差は方向は同じであるが恒星によって変化する角度が異なるという特徴がある。年周視差によって星の距離を測る原理は、動物が眼で距離を測る方法と同じである。動物の目は左右一対となってついているため、ある物体を右目で見たときと左目で見たときの物体の背景がずれて見える。動物の脳は背景のずれの大きさを距離に変換し、物体の遠近感を認識する。獲物との距離を正確に測らなければならない肉食動物は、両目が顔面の正面に、かなり離れてついている。草食動物は、距離にかかわらず

とにかく天敵の存在をいちはやく見つけることの方が重要なので、両目はさらに離れて顔の側面に付き、距離感を犠牲にして見える範囲が広くなるようにしている。

年周視差による距離の測定法を図 4.2 に示す。太陽と地球との距離を R、恒星と太陽の距離を L とす

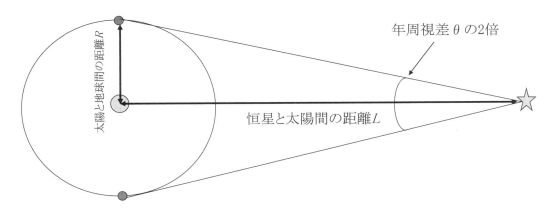

図 4.2 年周視差の原理図

ると、図のように地球の公転によって恒星の見かけの位置が変化する。およそ半年の間隔をおいて測定した恒星の見かけの位置が角度 2θ 変化したとすると、恒星と太陽の距離は三角比によって次の式で計算される。

$$L = \frac{R}{\tan\theta} \tag{4.1}$$

年周視差の大きさが 1 秒=1/3600 度になる距離は、宇宙の距離を表す単位として標準的に使われており、1 pc(パーセク)=3.26 光年である。

年周視差の方法は単純で余計な仮定を考慮する必要がないため、年周視差の角度を精密に測定することによってより遠くの天体の距離を精密に測定することができる。しかしながら、天体の位置を精密に測定することは、望遠鏡の性能を向上させ、地球大気の揺らぎの影響をなくす必要があったため、人工衛星による観測を待たなければならなかった。1989 年にヨーロッパ宇宙機関 (ESA) が打ち上げた HIPPARCOS (HIgh Precision PaRallax COllecting Satellite) によって、1 000 分の 1 秒角の精度で年周視差を測定することができるようになった。それまでせいぜい数十パーセクであった距離測定が一気に 100 パーセクに広がった。

VERA (VLBI Exploration of Radio Astronetry) 計画は、地上の離れた地点に設置された複数の電波望遠鏡を使い、10 万分の 1 秒角の精度で年周視差を観測する計画である。電波は波長が長いために互いに遠く離れた地点でも干渉という相関の高い現象が起こるため、遠くの天体から来た電波をまとめて一つの信号として分析することができる。この方法は超長基線電波干渉計 VLBI (Very Long Baseline Interferometry) という技術で原理的には地球の直径に相当する口径の電波望遠鏡を作ることができる。

VERA では「すばる」望遠鏡で培われた技術を結集して大気の変動や電波望遠鏡の誤差を相殺する技術が用いられている。https://www.miz.nao.ac.jp/veraserver/index-J.html に詳しい情報が紹介されている。VERA では数キロパーセクにわたる遠方の天体の距離を 10% の精度で測定することができる。2000 年頃から観測を始め、2002 年以降には日本の岩手県（奥州市）、茨城県 (高萩市と日立市)、山口県 (山口市)、鹿児島県 (川内市) と、石垣島、小笠原諸島の父島に設置し、直径 2 300 km の大型電波望遠鏡

として高精度の観測を行っている。2020 年 8 月には、日本天文学会欧文研究報告の特集号でこれまでに得られた天体の位置をすべてまとめたカタログ論文や最新の成果を報告している。図 4.3 に、成果の 1 つである銀河系内の天体の運動速度分布図を示す。

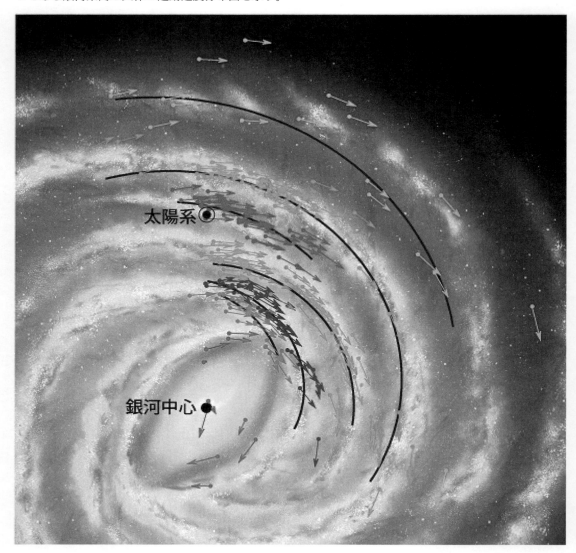

図 4.3　**天体の運動速度分布図**：銀河系内の天体がどの方向にどのような速さで運動しているかを矢印の方向と長さで可視化した図。VERA サイトの研究ハイライト『VERA プロジェクト 20 年の成果がまとまる— 国立天文台水沢 120 年の歴史が達成した位置天文学の高精度化 —』に掲載の図を、グレースケール化した。

4.3 変光星による距離測定

そもそも天体の距離で、何も仮定を設けずに距離を測定することのできる範囲は限られている。仮定なしの精密な唯一の方法である年周視差による方法でも、現在は数キロパーセクが限界である。年周視差の方法では銀河系の距離（数メガパーセク）はもちろんのこと、宇宙初期にできた天体の距離（数ギガパーセク）など測れるわけがない。そこで登場するのが「標準光源」である。明るさがよくわかった天体があれば、我々はその天体の見かけの明るさを観測して、「暗く見えるほど遠くにある」という単純な考えに基づいて距離を測る。実際には天体と我々の間にあるガスによる減光を考慮する必要があるが、基本的には天体の距離の 2 乗に反比例して暗く見えるという性質を利用して距離を測る。

標準光源の代表例の 1 つがセファイドと呼ばれる変光星の 1 種である。夜空のほとんどの恒星は、時間とともにその明るさを変えており、変光星と呼ばれている。明るくて光度の変化が激しい変光星は古代から注目されていて、クジラ座のミラやペルセウス座のアルゴルなど名前が付いている変光星がいくつもある。ミラや後述するセファイドは、恒星の明るさと大きさが時間とともに周期的に変動する恒星で、脈動変光星などと呼ばれている。一方アルゴルは明るい恒星と暗い恒星が互いの周りを回っており、暗い方の天体が明るい方の天体の前に来たときに暗くなるもので食変光星と呼ばれている。

脈動変光星は、恒星の中心部分で進んでいる熱核融合反応によるエネルギー生成が不安定になっている天体で、いくつもの分類がある。それらのうち、セファイドと呼ばれる変光星が、天体の距離を測るために非常に役立つことが知られている。

セファイド型変光星とは、ケフェウス座にある δ 星という変光星にちなんで命名されている。ケフェウス座の δ 星型の変光星という意味である。ケフェウス座なのにセファイドと呼ぶのはなぜかと疑問に思われる方もいるであろう。現在世界で通用している星座名はほとんどがラテン語を語源としている。そこで日本ではラテン語読みを基準にして星座の名前を決めている。ケフェウス座をアルファベットで表記すると Cepheus となり、ラテン語では ce はカ行の発音、ph はパ行の発音をするのでケペウスとなるが、日本では後世の流儀で発音してケフェウスと呼んでいる。

ケフェウス座の δ 星という場合は、ケフェウスの所有格を用いる。ラテン語の場合 Cepheus の所有格は Cepheid となるので δ Cepheid となる。「＊＊の＃＃」という所有格を表す場合、日本語や英語とラテン語では語順が逆になるので注意する。さて、このままでは δ ケファイド型という方が正しいのではないかと思われるが、これは δ セファイド型、略してセファイド型と呼ぶ。これは英語の影響で、国際会議などで公用語として使われる英語では Cepheus はシーフィアス、Cepheid はシーファイドと発音される。変光星の場合は英語読みの発音が日本でもよく使われるようになったので本書でもセファイドと表記する。このような、ラテン語発音と英語発音の混乱は星座名や星の名前で多数みられ、ペガスス（ラテン）とペガサス（英語）は有名な例である。

星座や星の名前の起源、ラテン語、アラビア語による星座の名称などに関する情報は原恵著『新装改訂版　星座の神話 –星座史と星名の意味–』（恒星社厚生閣）に詳しく紹介されている。

変光星のうち、セファイド型変光星は標準光源に適した性質を持っている。セファイド型変光星は一定の周期で増光と減光を繰り返している天体で、最大光度が明るい星ほど周期が長くなることがわかった。近いセファイドの距離を年周視差で精密に測定しておけば、遠方の銀河で見つかるセファイドの周期と見かけの最大光度からその銀河の距離を知ることができる。HIPPARCOS 人工衛星やハッブル宇宙望遠鏡による多数の年周視差計測によって、近いセファイドの距離を精度よく測定することができるよ

うになり、セファイドによる銀河の距離計測法はより正確になった。図 4.4 では、横軸に周期の対数、縦軸に最大光度を示している。図の破線は観測点をうまく説明することができる直線である。この破線の関係を用いれば、遠方の銀河に存在するセファイドの周期から銀河の距離を正確に求めることができる。

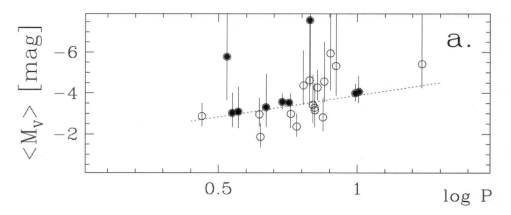

図 4.4　**HIPPARCOS** 衛星によって観測されたセファイドの最大光度 (絶対等級)M と周期 P の関係
黒丸は単独のセファイド、白丸は連星系のセファイドである。誤差は年周視差の計測誤差である。
F.Pont 著，"Harmonizing Cosmic Distance Scales in a Post-Hipparcos Era" ,Edited by D.Egret and A.Heck の中の論文 "The Cepheid Distance Scale after Hipparcos" より引用。

4.4　超新星による距離測定

　超新星は、3.4 で紹介したように、恒星の一生の最後に起こる大爆発である。超新星のうち、Ia 型と呼ばれる超新星は、遠い銀河の距離を測定するのに非常に役立つことが最近わかってきた。前節で紹介したセファイドは、明るい恒星ではあるが、ある銀河の中にあるセファイドを分離して観測することができるのは、ごく近い距離にある一部の銀河に限られる。宇宙の果てに匹敵するような非常に遠い銀河は、ハッブル宇宙望遠鏡で撮影しても、大口径のすばる望遠鏡で撮影してもぼんやりとした光芒として写るにすぎない。このような遠い銀河の距離を正確に測定するためには、その銀河 1 個分の明るさを一気に放つ超新星が最適である。超新星のうち Ia 型のものは、最大光度が明るいものほどゆっくり暗くなっていくという性質があること、暗くなっていく時間（減衰定数という）と最大光度の間の関係が明らかになってきた。そのため、遠方の銀河の距離を精密に測定する非常に精密な標準光源として注目されている。

4.5　距離のはしご

　ここまでの節で紹介してきたように、宇宙の距離の測定方法はいろいろな方法がある。そして、それぞれの方法には、それぞれの有効な距離があることがわかる。

1. 太陽系近傍の天体に対して年周視差の方法。
2. 銀河系近傍の銀河に対してはセファイドの方法。
3. より遠方の銀河に対しては Ia 型の超新星。

これらの他にも精度が幾分落ちるがよく使われている方法がいくつかある。いずれの方法も互いに密接に関連している。太陽系近傍のセファイドを年周視差で精密に測って精密な絶対光度を求め、近傍の銀河で観測されるセファイドの周期から精密な絶対光度を計算して精密な距離を得ている。さらに、セファイドの方法で距離がわかっている銀河に Ia 型超新星が現れたときには精密に光度変化を測定し、Ia 型超新星による距離決定の精度を向上させている。このように、複数の距離測定法を太陽から近い順に組み合わせて宇宙の距離を測る方法は、「距離のはしご」と呼ばれている。

問題
遠方の天体の距離を測るその他の方法について調べてみよ。

第5章

宇宙論

5.1　宇宙論の変遷

　地球にいて空の動きをじっくり観察すると、初めは自分の周りを天球が回転していると考えてしまうかもしれない。現在の小学生高学年で、半数以上の生徒が「太陽や夜空の星は地球の周りを回っている」という天動説を信じていることが 2004 年に天文学会で報告されて問題になった。しかしながら、地上にいてよく星を見ている人が、地動説の教育を受けていなければ天動説を思い浮かべるのは当然の話である。なぜなら、星座も太陽も月も自分を中心に東から西に向かって回転していることが観察されるからである。天動説が否定されて地動説への大転換は、何百年にもわたる詳細な惑星の観測によってようやく成し遂げられた。天動説では惑星の複雑な動きを説明するために複雑な宇宙を考え出さざるを得なかった。しかし、地動説では非常に簡単な原理に基づくモデルで統一的に天体の運動を説明できる。大人は子供にもっと自然を観察する機会をあたえ、自然に生まれてくる疑問をわかりやすくかつ正しく教え伝える義務がある。そうしなければ、人類の数千年にわたる知識の積み重ねを無駄にして再び無知に基づく迷信の時代に後戻りしてしまいかねない。

　本章では、古代・近代の人びとが観測を積み重ねて考案した天動説と地動説について紹介し、最終的に地動説が正しいと結論されるまでの歩みを紹介する。

5.2　プトレマイオスの天動説

　古代ギリシャのプトレマイオスは地球を中心とする宇宙体系を考案した。図 5.1 のように、地球のすぐ外側には大気や水が、その外側はエーテル[*1] と呼ばれる物質で満たされていて、その中を、月、太陽、水星、金星、火星、木星、土星という惑星が地球を中心として「導円」という軌道に沿って回っている。さらにその外側には星座を作る恒星があり、一定の速度で回転している。ただし、このままでは惑星の動きを正しく説明できない。図 5.2 に示すように、惑星は星座の中を一定の速さで動くのではなく、時々止まり、逆に動き出すという一見不規則な運動を繰り返している[*2]。惑星が星座の中を西から東に向かっ

[*1]　ここでいうエーテルは、現代知られている有機物質のエーテルではない。アリストテレスが、「土」「水」「空気」「火」の 4 元素の他にもう 1 つ天界に満たされていると考えた第 5 の元素である。19 世紀以前の物理学でもこの考えが残っていて、光はエーテルを伝わる波であると考えられていた。現在では、このような意味のエーテル説は否定されている。現代使用されているエーテルは揮発性の高い有機化合物である。

[*2]　このような不思議な動きに神秘性を見いだし、星占いが考え出されたと思われるが、物理学的には惑星の動きと人の運命とは何の関連もない。

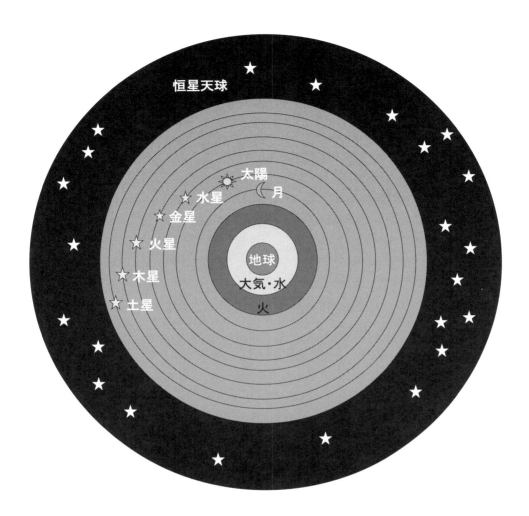

図 5.1 　古代ギリシャで考えられた天動説に基づく宇宙の構造
恒星天球の外側は無の世界と考えられていた。

て進む動きを「順行」、東から西に向かって進む動きを「逆行」という。また、逆行の始まりと終わりには惑星の動きが止まって見える時期があり、「留（りゅう）」と呼ばれている。惑星は逆行の間に最も明るく見える。火星、木星と土星はこの時期には夕方東の空から姿を現し、深夜に南中して明け方に没するような見え方をする。図 5.1 に示したような単純な構造をもつ宇宙では、順行と逆行を繰り返す運動を説明することができなかった。そのため、仕組みを少々複雑にせざるを得なかった。惑星は図 5.3 に示すように、導円上の一点を中心とする周転円を動く。

　天動説は、惑星や星座の動きを正確に説明しようとすればするほどその複雑さを増していった。しかし、天動説は我々が宇宙の中心に存在するといういわば気分の良い説であったため、熱烈な支持者が多かった。ヨーロッパではキリスト教の影響が非常に強く、教会の思想の中に天動説を入れてしまったため、科学者が天動説に異論を唱えることすら困難な時期があった。コペルニクスが地動説を主張する本『天球の回転について』を出版した時には、ローマ教皇庁から一時閲覧停止の措置が取られた。純粋に数

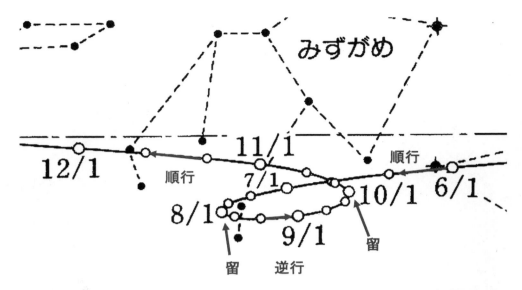

図 5.2　2003 年の火星の動き。天文年鑑 2003 年版から抜粋。この年は火星が最も地球に接近する大接近と呼ばれる現象のため、各地の公共天文台には火星を見たいという人が詰めかけた。白丸は、毎月 1 日、11 日、21 日の火星の位置を表す。8 月 1 日頃に留となって順行から逆行に転じ、10 月 1 日頃に再び留となって逆行から順行に戻る。逆行中の 8 月 27 日に衝（しょう）となってちょうど太陽と正反対の位置に来て見頃を迎えた。

学的な仮説であるという読者への手紙を本の扉に挿入して閲覧の許可が下りた。ガリレオ・ガリレイが木星とその衛星の姿を自作の望遠鏡で観察して地動説を唱えたことに対し、ローマ教会が死刑の判決を下したことは有名である。1992 年になってようやくその非を認め、死刑判決を取り消した。このような、天文学の発展や科学の発展にとって暗黒の時代が続いたが、ケプラーによって惑星の運動が精密に計算されるようになると、もはや天動説の入る余地はなくなってしまう。

5.3　地動説

　コペルニクス (1473-1543) は、地球が太陽の周りを公転する地動説を考えた。プトレマイオス以来の天動説では、精密になっていく天体観測の結果を単純明快なモデルで説明できなくなっていたことが 1 つの契機となっている。ただし、コペルニクスの地動説はすべての惑星の軌道は完全な円軌道であると仮定していた。これは、彼が宇宙に完全な美しさを求めていたからと考えられる。いずれにしても、コペルニクスによって我々地球人は宇宙の中心の座から引きずりおろされることになった。

　コペルニクスの死後輝かしい業績を残したのは、デンマークの天文学者ティコ・ブラーエ (1546-1601) であった。彼は望遠鏡が未発達の時代に天体の動きを精密に観測し、天動説と地動説の折衷案のようなモデルを作り出した。彼が集めたデータは惑星が太陽の周りを公転していると考える方が自然に説明できるものであった。しかし、当時の宗教による思想から離れることができず、やはり地球が宇宙の中心にいるようなモデルを提案している。

　ティコ・ブラーエの業績をもとに現代にも通じる宇宙モデルを作ったのは、彼の弟子であったケプラー (1571-1630) であった。彼は、ティコ・ブラーエが記録した膨大なデータを詳細に分析し、純粋に科学的

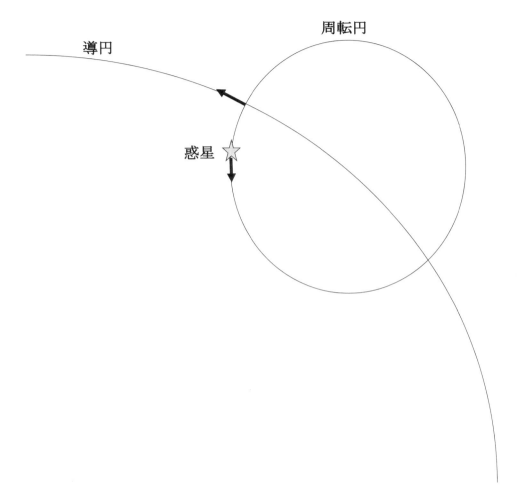

図 5.3 周転円の図
大きな円弧は惑星の導円軌道の一部。導円を中心とした周転円の上を惑星が運動することによって逆
行を説明した。

に検討して宇宙のモデルを作った。コペルニクスが提案した地動説は全ての惑星の軌道を円であると考
えたものであった。これは、宇宙は完全なものであるという思想に従った結果であるが、事実に反して
いた。ケプラーは、惑星の動きの不均一さから惑星の運動について有名な 3 つの法則「ケプラーの法則」
を発見した。これは次の 3 つの法則からなっている。

1. **第 1 法則**：惑星は太陽を焦点とした楕円軌道上を動く。
2. **第 2 法則**：惑星の面積速度は一定である。
3. **第 3 法則**：惑星の公転周期の 2 乗は、楕円の半長径の 3 乗に比例する。

ケプラーは観測データから純粋に科学的考察を経て地動説を提唱したこと、これまでの「完全性」とい

う束縛から逃れて楕円型の惑星軌道を提案したことなど、当時としては画期的な進歩といえる業績を多数残した。

　ケプラーの法則をもとにしてニュートン（1642-1727）は万有引力の性質を説明することに成功した。宇宙の構造を解説しているところではあるが、ケプラーの法則をから万有引力の法則を導くという課題は歴史的にも物理学的にも重要なので詳しく説明しておこう。

　第一法則によって惑星の軌道 r は楕円の方程式

$$\frac{\ell}{r} = 1 + e \cos \theta \tag{5.1}$$

$$\ell = \frac{b^2}{a} \tag{5.2}$$

$$e = \frac{\sqrt{a^2 - b^2}}{a} \tag{5.3}$$

によって表される。ここで、r は楕円の片方の焦点から軌道までの距離、a と b はそれぞれ楕円の半長径と半短径、ℓ は半直弦である。詳細は図 5.4 を参照のこと。式 (5.1) の両辺を時間 t で微分すると、

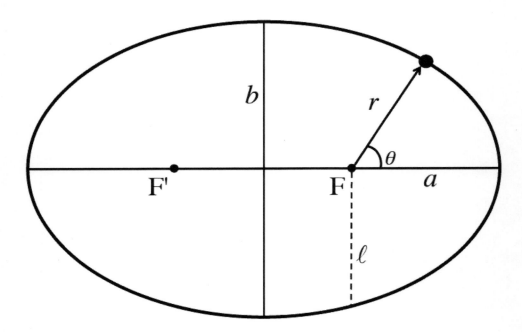

図 5.4　楕円に関する各種パラメーター

$$-\ell \frac{1}{r^2} \frac{dr}{dt} = -e \sin \theta \frac{d\theta}{dt} \tag{5.4}$$

となる。この式をじっと見てみれば次のように変形することができることに気付く。

$$\frac{dr}{dt} = \frac{1}{\ell} e \sin \theta \cdot r^2 \frac{d\theta}{dt} \tag{5.5}$$

ここで、面積速度は

$$\frac{1}{2} r^2 \frac{d\theta}{dt} \tag{5.6}$$

で表されることと、ケプラーの第 2 法則から定数 h を

$$h = r^2 \frac{d\theta}{dt} \tag{5.7}$$

と置くことができ、式（5.5）は

$$\frac{dr}{dt} = \frac{h}{\ell} e \sin \theta \tag{5.8}$$

となる。この式をもう一度時間 t で微分すると

$$\frac{d^2 r}{dt^2} = \frac{h}{\ell} \frac{h}{r^2} e \cos \theta \tag{5.9}$$

この式と式（5.1）より

$$\frac{d^2 r}{dt^2} = \frac{h^2}{r^3} - \frac{h^2}{\ell r^2} \tag{5.10}$$

を得る。

　ここで、質量 m の物体に働く力が物体と中心（重心）との距離だけに依存する中心力であるならば、ニュートンの運動方程式は次のようになることを利用する[*3]。

$$m \left\{ \frac{d^2 r}{dt^2} - r \left(\frac{d\theta}{dt} \right)^2 \right\} = F(r) \tag{5.11}$$

$$m \left(2 \frac{dr}{dt} \cdot \frac{d\theta}{dt} + r \frac{d^2 \theta}{dt^2} \right) = 0 \tag{5.12}$$

ケプラーの第 2 法則より、

$$r \left(\frac{d\theta}{dt} \right)^2 = \frac{h^2}{r^3} \tag{5.13}$$

なので、これを式（5.11）に代入すると

$$m \left(\frac{d^2 r}{dt^2} - \frac{h^2}{r^3} \right) = F \tag{5.14}$$

となる。式（5.10）を式（5.14）に代入すると、

$$F = -m \frac{h^2}{\ell r^2} \tag{5.15}$$

となるので、惑星に働く力は重心からの距離の 2 乗に反比例することが示された。まだ、これだけでは惑星ごとに h と ℓ の値が異なるので完全な普遍性は示されていない。

　ここで最後に使うのはケプラーの第 3 法則である。第 3 法則では周期 T と軌道の半長径 a との関係が惑星によらず一定であることなのでそれを式に表すと

$$\frac{T^2}{a^3} = C \tag{5.16}$$

C は惑星に無関係な定数であるとすることができる。周期 T は楕円の面積 πab とケプラーの第 2 法則より面積速度は $h/2$ であるから、

$$
\begin{aligned}
T &= \pi ab \frac{2}{h} \\
&= \frac{2\pi \ell^2}{(1 - e^2)^{3/2}} \frac{1}{h}
\end{aligned} \tag{5.17}
$$

[*3] 中心力の性質に関する詳細は力学の教科書を読んでいただきたい。

この式と式 (5.16) および

$$a = \frac{\ell}{1 - e^2}$$

より、

$$\frac{\ell}{h^2} = \frac{C}{4\pi^2} \tag{5.18}$$

となり、ℓ/h^2 が惑星に無関係な定数であることが示された。さらに、式 (5.15) に式 (5.18) を代入すると

$$F = \frac{4\pi}{C} \cdot \frac{m}{r^2} \tag{5.19}$$

となり、惑星に働く力は軌道の条件によらず質量に比例して距離の 2 乗に反比例する力であることが示された。

　比例係数 $4\pi/C$ についても考察しよう。作用反作用の法則により、太陽が惑星を引くならば惑星も同じ力で太陽を引っ張っている。太陽が惑星に及ぼす引力 F が惑星の質量 m に比例するのであれば、惑星が太陽に及ぼす引力 F（同じ力である）は太陽の質量 $M_\odot$ に比例しなければならない。したがって $4\pi/C$ は太陽の質量に比例するはずで、

$$\frac{4\pi}{C} = M_\odot G \tag{5.20}$$

と置くことができる。比例定数 G は質量をもつすべての物体に働く力に共通の定数で、**万有引力定数**と呼ばれる。ニュートンはこのようにして古典力学を完成させ、惑星の運動を完璧に説明することに成功した。

　地動説によって、惑星の複雑な運動は極めて簡単に説明することができるようになった。惑星の軌道は図 5.5 に示すような楕円軌道を描いており、太陽から遠い惑星ほどゆっくり公転する。図 5.5 に描かれている軌道の形は正確であるが、火星や地球を表す丸は実際の惑星の大きさよりも遙かに大きく描かれている。地球の軌道は、楕円軌道であるが、非常に円軌道に近い。一方、火星の軌道はかなり大きくつぶれた楕円になっている。そのため、太陽に最も近くなる時（近日点）の距離と最も遠くなる時（遠日点）の距離が大きく異なる。火星の近日点付近で衝になると、火星と地球との距離が非常に近くなって火星観望の絶好機となる。

　ケプラー以降も精密な天文観測は続いた。これまで知られていなかった天王星（1781 年ウィリアム・ハーシェルにより偶然発見）や海王星（ユルバン・ルベリエ、ジョン・クーチ・アダムスの計算と、ヨハン・ガレによる観測[*4]）、冥王星（1930 年にクライド・トンボーにより発見）が順に発見されていった。2005 年には、さらに遠くにある第 10 惑星が発見されたという報告がある。しかしながら、第 10 惑星は小さすぎるために小惑星として考えるべきであるという意見があった。同様に冥王星についても小惑星として考えるべきという意見が 2006 年の IAU 総会で議論され、冥王星は惑星ではなく小さな惑星の一種として準惑星に分類されることになった。同時に冥王星よりも遠いところを公転する惑星も準惑星として分類される。

　このような多くの観測データをもとにして、地球を中心とした宇宙観は捨て去られた。しかし、今度は太陽系、また銀河系を中心とした宇宙観は根強く残っている。我々の銀河系や太陽系が宇宙の中心であるとすれば、なぜ我々が特別な存在である必要があるのかという問いに答えることのできる物理理論

[*4] ルベリエ、アダムスの計算値とガレの発見位置は大きくずれていたが、天体物理学の計算により発見された最初の例として世界を驚かせた。

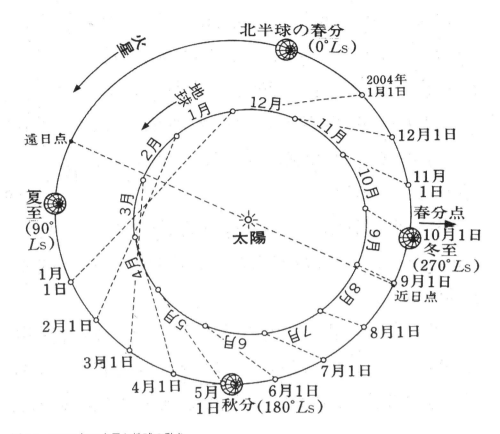

図 5.5　**2003 年の火星と地球の動き**
8 月から 10 月にかけて地球が火星を追い越していることがわかる。この間星座の中で火星は逆行している（図 5.2 参照）。（天文年鑑 2003 年版より）

が必要である。しかし、現代までそのような都合の良い理論はなかなか認められるようにはなっていない。この後の節では 20 世紀前半に活発に議論された宇宙論を紹介する。これらの宇宙論では、我々は宇宙の特別な存在ではないという暗黙の了解があるかのように議論が進められている。

5.4　膨張宇宙論

5.4.1　進化宇宙論と定常宇宙論の対決

　20 世紀の初期には、宇宙は一定不変であると考えられていた。しかし、この考えはハッブル (E.Hubble 1889-1953) が我々から遠ざかる銀河系の運動を観測したことにより破棄された。その後、20 世紀後半まで宇宙論の分野では、進化する宇宙と定常的な宇宙という対立する学説が議論されていた。

　ハッブルは、アメリカのウィルソン山天文台で多数の銀河系の運動速度を測定した。測定の原理は、光のドップラーシフトという現象を利用している。光源（この場合銀河）と観測者の距離が変化する場合、観測者が観測する光の波長は光源から発せられる波長とは異なる。この現象は波として伝播する現象に見られ、音波のドップラーシフト（救急車やパトカーなどのサイレンの音程が接近中では高く、遠ざかるときには低く聞こえる現象）は身近に体験することができる。

　天体から届く光にも同じことが起こり、観測者に対して近づく天体から放射された光は、本来の波長よりも短くなるために青っぽく見える。これを青方偏移 (blue shift) という。観測者から遠ざかる天体から放射された光は、本来の波長よりも長くなるために赤っぽく見える。これを赤方偏移 (red shift) という。天体からやってきた光を分光プリズムを使って分析し、特定の波長（吸収線や輝線）の位置を実験室で観測した位置と比較すれば天体が遠ざかっているか近づいているかがわかる。観測者に対して速さ v で運動する物体から波長 λ の光が発せられているときに観測者が観測する波長 λ' は、互いの距離が接近するときは

$$\lambda' = \lambda\sqrt{\frac{c-v}{c+v}} \tag{5.21}$$

となって波長が短くなる、これを青方偏移という。互いの距離が遠ざかるときは

$$\lambda' = \lambda\sqrt{\frac{c+v}{c-v}} \tag{5.22}$$

となって波長が長くなる。これを赤方偏移という。ここで c は光の速さである。赤方偏移の大きさは、

$$z = \frac{\lambda' - \lambda}{\lambda} \tag{5.23}$$

で定義される z で表す。z は後述するように宇宙の距離を表すパラメーターとして使用することが多い。準星のような極めて遠い天体はその距離を精密に測定することが困難である。そのため、現在では唯一直接に測定することが可能な赤方偏移の大きさ z によってその天体の距離を表す。

　ハッブルの結果を図 5.6 に示す。我々に非常に近い銀河には、我々に対して近づいているものが見られる。我々に近いアンドロメダ大星雲 (図 5.7) は我々の銀河に近づいており、およそ 50 億年後に我々の銀河と衝突すると予想されている。重要なことは、遠い銀河ほど我々から遠ざかる速さが大きくなっている傾向があるということである。ハッブルはこのデータから銀河の距離 R と後退速度 v には比例関係があると結論し、

$$v = H \times R \tag{5.24}$$

という関係を提案した。この関係はハッブルの法則と呼ばれ、比例定数 H はハッブル定数と呼ばれている。

　ハッブルの法則の発見は宇宙論の議論に大きなインパクトを与えた。それまで静的で変化しないと考えられていた宇宙観に基づいて作られた宇宙モデルは捨て去られることになる。アインシュタイン (A.Einstein 1879-1955) は、自らが構築した一般相対性理論に基づいて宇宙のモデルを作ったが、これも静的な宇宙を想定していた。しかしながら、アインシュタインが作った宇宙モデルは膨張または収縮する宇宙を予言してしまうのであった。そこで、彼は方程式に「宇宙項」という定数をむりやり入れて静的宇宙を予言できるようにした。後にハッブルの法則を知ったアインシュタインは「人生最大の失敗」と嘆いたことは非常に有名である。

　ハッブルの法則の発見以来多くの観測が行われ、しだいに精度が高くなっていった。その中で 2 つの有力な宇宙モデルが提案され、活発に議論された。1 つは宇宙は有限の過去にある一点から生まれ、現在

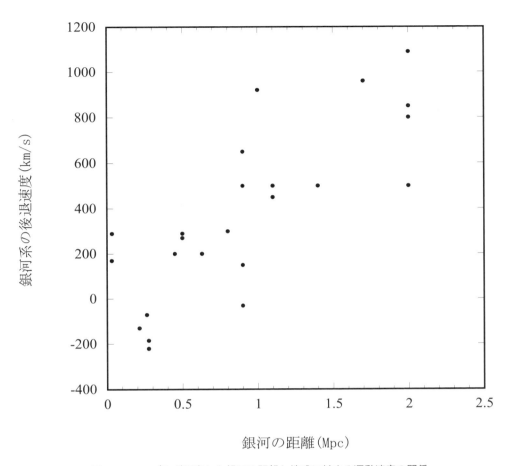

図 5.6　ハッブルが測定した銀河の距離と地球に対する運動速度の関係

　も膨張しているとする膨張宇宙論。もう 1 つは宇宙の年齢は無限で空間は膨張しているが、宇宙の姿は昔も将来も変化しないとする定常宇宙論である。

　定常宇宙論は、ホイル (F.Hoyle 1915-2001) らによって提案されたモデルで、宇宙空間は無限であり、時間も無限であるというものである。このモデルによる宇宙は宇宙の始まりが存在しないため、「始まりの前には何があるのか？」という問いに答える必要がない。さらに物理的には、膨張宇宙論の困難な点である特異点を考える必要がないことが有利である。特異点とは、ブラックホールの内部などで考えられる点で、その位置ではあらゆる物理量が無限大の値を持ってしまう。無限大を含むあらゆる計算は意味のない値（無限大や不定値）になるため、数学を道具として使っている物理学では、無限大が計算に出てくるともうお手上げなのである。膨張宇宙論では、宇宙の始まりの瞬間に特異点が存在すると考える研究者が多数いる。これは現在の膨張を逆算すれば自然に導き出される予想である。特異点からは何ら有意な情報を得ることができないため、膨張宇宙を議論する際には宇宙の始まりの瞬間について詳しい議論はまだ十分に行われていない。

　定常宇宙論では絶え間ない物質の創生が必要である。すなわち、宇宙空間の膨張とともに増えていく隙間を埋めるように新しい物質を創生しなければならない。ホイルたちは、物質の創生率を 1 km^3 あた

図 5.7　アンドロメダ座銀河 M31
秋の夜空にぼんやりと見ることができる。我々の銀河からおよそ 230 万光年離れたところにある。20
世紀初めまではもっと近く、我々の天の川銀河の中にあると考えられていた。ハッブルの測定では、
100 万光年という当時としては恐るべき遠距離にあることがわかった。（筆者撮影）

りおよそ 1 000 年に一個の水素原子と推定した。無限の過去から現在まで絶え間なく物質が創生されている宇宙では、宇宙のあらゆる場所にまんべんなく古い天体と新しい天体が散らばっていなければならないはずである。しかし、最近の観測では、最も古い恒星が集まっていると考えられる球状星団でもその年齢は 140 億年程度であること、遠方の銀河、つまり昔の銀河と近傍の銀河、つまり最近の銀河に性状の違いが見られたことなど、定常宇宙論に不利な証拠が多数挙がっている。また、定常宇宙論では、宇宙背景輻射の性質を正しく予測することが困難であることも決定的な反証となった。現在定常宇宙論を支持している研究者は極めて少なくなっている。

　定常宇宙論と膨張宇宙論（昔は進化宇宙論と呼ばれていた）の論争を一般向けに解説した良書が講談社から出版されている。『現代物理の世界-II 新しい宇宙の構造』（F. ホイル、H. アルフベン他著、谷川安孝、中村誠太郎　編・監訳、講談社、1972 年）は、定常宇宙論の提唱者本人と進化宇宙論の提唱者本人である G. ガモフがそれぞれの宇宙論を展開していて興味深い。進化宇宙論では当時のデータはまだ貧弱でかなり劣勢であったことがうかがえる。おそらく現在では絶版となっているであろうが図書館で読むことができると思うのでぜひ歴史に残るであろう迫力ある科学的な論争を体験してみられるとよい。

　膨張宇宙論と現在一般に呼ばれている宇宙モデルは、当初進化宇宙論と呼ばれていた。このモデルは1920 年代に次々に見つかった驚くべき事実によって提案されるに至った。1920 年代初めに V.M. スライファーはいくつかの星雲の赤方偏移を調べたところ、それらが秒速 1 800 km という驚くべき速さで我々から遠ざかっていることを発見した。この当時までの宇宙に対する認識は現在と大きく異なっており、あらゆる天体は我々の天の川銀河の中に存在するという考えが主流であった。スライファーの発見

は、多くの星雲は天の川銀河にあるとは考えがたい速さで運動していることを示しており、当時の宇宙観を覆す発見の一つであった。すぐにハッブルはその星雲が我々の天の川銀河と同じようなものであると確証し、その距離を測定した。その結果、遠方の銀河ほど高速で我々から遠ざかっていることが明らかになり、ハッブルの法則 (5.24) を逆算して宇宙の年齢を計算することができるようになった。宇宙の年齢 t はハッブルの 定数 H_0 の逆数で与えられるが、ハッブルが決めたハッブル定数の値は $H_0 = 500$ km/sec/Mpc と極めて大きく、そのため宇宙の年齢は短く計算されることになる。実際に計算してみると、

$$t = \frac{1}{H_0} \tag{5.25}$$

$$= \frac{1}{500} \frac{\sec \cdot \mathrm{Mpc}}{\mathrm{km}} \tag{5.26}$$

$$= \frac{1}{500} \frac{\sec \times 3.09 \times 10^{19}\ \mathrm{km}}{\mathrm{km}}$$

$$= 6.18 \times 10^{16}\ \sec$$

$$= 20\ 億年$$

となった。この値は、後に明らかになった地球の年齢である 45 億年より短いため、膨張宇宙論が疑問視されていた時代があった。

　20 世紀半ばになって、遠方の天体の距離を精密に測定することができるようになり、ハッブル定数は大きく変わった。1952 年になって銀河の距離を決定する基準となっていたアンドロメダ銀河 (M31) の距離がこれまでの 2 倍遠くにあることがわかったが、さらに 1958 年には銀河のガスの塊である HII 領域を最も明るい恒星であると考えていた誤りを訂正して距離が 3 倍にのびた。このような訂正を経てハッブル定数は 50 ～ 100 km/sec/Mpc の間の値であると考えられるようになった。この場合でも、ハッブル定数が最も大きな値 $H_0 = 100$ km/sec/Mpc であるとした場合には、銀河で最も古い恒星の集団とされている球状星団の年齢の方が宇宙の年齢よりも年老いているという矛盾が指摘されていた。

　進化宇宙論は観測的証拠の多くの点が矛盾しているように考えられていたが、それはすべてハッブル定数の測定すなわち銀河の距離測定が不正確であったことが原因であった。このような状況は 2000 年頃から大きく変わった。天体の距離を精密に測定するプロジェクトが多数実施され、遠い銀河の距離が正確に測定されるようになってハッブル定数の誤差は小さくなり、現在では 67.3 ± 1.2 km/sec/Mpc という高い精度で決定されている。なお、この結果は遠方の銀河に関するハッブルの法則の観測と後述する WMAP および Planck による宇宙背景輻射の観測を組み合わせて得られた値である。

　1960 年代までは激しい論争の的であった宇宙モデルは、現在のところビッグバン (Big Bang) [*5]を宇宙の始まりとする進化宇宙論であるということで決着しそうである。

5.5　膨張宇宙論の理論的基礎

　宇宙の構造がどのように進化してきたかを記述する理論は多数提案されてきた。宇宙全体の構造を論ずる際に重要な仮定が宇宙原理である。本節では、はじめに宇宙原理について解説したのち、いくつか

[*5] ビッグバンという名前は、定常宇宙論を考えたホイルによって命名された。彼は、宇宙に始まりがあるとするならば、それはバン（爆発）だろうと、からかい半分に敵対する宇宙論モデルを評して言った。後にこれが定着し、今や宇宙論以外のいろいろなところで使われるようになった。

の宇宙進化のモデルを紹介する。宇宙進化のモデルに使用されるいくつものパラメーターは観測によって検証される。各種パラメーターの観測は次の節で詳しく解説する。

5.5.1 宇宙原理

星の密度、銀河の密度から星の形などという、宇宙を構成する物質や空間は宇宙のすべての領域で同一であろうか。我々が日々見ている宇宙は、地球から見ることのできるごくわずかな領域にすぎない。星座に見られる明るい天体の距離を表 5.1 に紹介する。

表 5.1 主な恒星の明るさと太陽系からの距離。明るさの数値に V が付く恒星は変光星で最も明るいときの明るさを示す。肉眼で見ることのできる殆どの天体はごく近いところにあることがわかる。表に示すような 2000 光年という距離は、我々人類から見ればやたら遠いように思えるだろうが、宇宙の大きさ 137 億光年からすれば無に等しい距離である。(出典：『天文年鑑 2006 年版』誠文堂新光社)

星名	星座	明るさ（等）	距離（光年）
シリウス	おおいぬ	−1.46	8.6
カノープス	りゅうこつ	0.72	250
アルデバラン	おうし	0.85	64
ベテルギウス	オリオン	0.50V	450
リゲル	オリオン	0.12	800
レグルス	しし	1.35	78
スピカ	おとめ	0.98	270
アンタレス	さそり	0.96V	550
アルタイル	わし	0.77	16.8
ヴェガ	こと	0.03	25
デネブ	はくちょう	1.25	2000

現在観測可能な最大の距離約 137 億光年と比較してみると、実に近くの天体しか見えていないことに気付くであろう。これらの天体の距離をはじめ、宇宙のスケールを 4 次元的に美しく紹介してくれる 4D2U プロジェクトが国立天文台で進んでいる。ビューアが国立天文台のサイトから配布されているのでぜひ試してみられるとよい (http://www.nao.ac.jp の「一般向け情報」リストにある「4 次元デジタル宇宙シアター」をクリックして進むとダウンロードできます)。

最近の 20 年で観測技術は大幅に進展し、大型の光学望遠鏡、電波望遠鏡や人工衛星によって観測可能な宇宙の大きさはどんどん大きくなってきた。しかしながら、我々が観測できた宇宙は依然として"宇宙の一部"でしかない。にもかかわらず、宇宙構造の進化に関する大局的な理論を作るためには何らかの仮定が必要である。ここで、「宇宙のすべての場所は同等である」という仮定をおく。こうすれば、宇宙には特別な場所がなくなり、宇宙のすべての場所を完全に知らなくても宇宙に関する理論を構築することができる。観測された一部の領域のみで成り立っている宇宙の同等性を、まだ観測されていない部分を含む宇宙のすべての部分にまで適用して「原理」にまで昇格させたこの仮説を**宇宙原理 (consmological principle)** と呼ぶ。

これまでの観測で、銀河の分布には銀河の大集団である銀河団や銀河がほとんど存在しないボイド（泡）という大規模な構造が発見されている。しかし、これらの事実をもってしても、宇宙は全体的に

「一様」で「等方的」であると仮定して問題ない。このようなことから、宇宙は一様かつ等方的であるという仮定も狭い意味での宇宙原理とされている。しかし本質的なことは宇宙が一様であるということであり、「等方性の」仮定は数学的に簡単になるという理由もある。

5.5.2 宇宙モデルの分類

宇宙の構造および進化を記述するモデルは大別して 2 つの部分に分かれる。1 つは宇宙の構造に関する部分で、宇宙が等方的であるか否か、一様であるか否かによって分類される。もう 1 つは宇宙の膨張法則に関する部分で、一般相対論に従うか、もしくはそれ以外の理論に従うかによって分類される。現在最もよく調べられているモデルは、物質が存在し、一様等方な構造をもち、一般相対性理論に基づく重力理論によって進化する宇宙である。宇宙に物質が存在するのは当たり前のような気がするが、物質の存在しない宇宙モデルは真剣に考えられている。これははじめに簡単に解ける例に取り組んで解を求めておき、しだいに複雑な問題に進んでいくという物理学の研究手法では一般的に行われることである。

以降では、相対性理論に基づく重力によって進化する膨張宇宙のモデルについて解説する。その後、モデルの検証に必要になる観測パラメーターを列挙して現在観測されている値と比較してみる。

5.6 Friedmann の膨張方程式

宇宙空間においては、宇宙原理により座標原点をどこにおいてもよい。そこで、我々の場所（地球もしくは太陽系もしくは銀河系）を原点として宇宙のさまざまな天体までの距離 χ の時間変化を考える。宇宙の膨張は一様かつ等方的であるので、時刻 t_0 における 2 点間の距離を χ_0 とすれば時刻 t における距離 $\chi(t)$ は宇宙に普遍的なパラメーター $a(t)$ を用いて

$$\chi(t) = \chi_0 a(t) \tag{5.27}$$

と表すことができる。ここで $a(t)$ は宇宙の膨張を表すパラメーターで、スケール因子と呼ぶ。ほとんどの場合宇宙の歴史は $a(t)$ を使った関数を用いて議論され、直接 $\chi(t)$ を使った議論をすることはほとんどない。

宇宙の進化を記述する方程式は、いきなりであるが次のような Friedmann の膨張方程式

$$\frac{\dot{a}^2}{a^2} = \frac{8\pi G\rho}{3} + \frac{\Lambda c^2}{3} - \frac{kc^2}{a^2} \tag{5.28}$$

$$\frac{2\ddot{a}}{a} + \frac{\dot{a}^2}{a^2} + \frac{kc^2}{a^2} - \Lambda c^2 = -\frac{8\pi Gp}{c^2} \tag{5.29}$$

で表される[*6]。ここで、$\dot{a} \equiv da/dt$、G は万有引力定数、ρ は宇宙全体の物質の密度、p は圧力、c は真空中の光速、Λ は宇宙定数、k は空間の曲がり方を表すパラメーターである。ρ と p が紛らわしいので注意していただきたい。

この方程式を解くためには、方程式に含まれるいくつかのパラメーターに関する情報を知っておかなければならない。これらのパラメーターは以下のように定義されており、それらを正確に観測することが現代宇宙物理学の重要課題になっている。

[*6] この方程式がどのようにして導かれるかについて詳しく知りたい方は例えば『宇宙物理学』（岩波講座　現代物理学の基礎）の第 III 部などを 100 回位読めば必ずわかるであろう。

1. **ハッブル定数:**

   宇宙の膨張率を表し、

   $$H \equiv \frac{\dot{a}}{a} \tag{5.30}$$

   で定義される。ハッブル定数は宇宙が誕生してから現在まで定数であるという保証はない。現在観測できるハッブル定数を H_0 と表し、

   $$H_0 \equiv \frac{\dot{a}(t_0)}{a(t_0)} \tag{5.31}$$

   で定義する。または、

   $$H_0 = \frac{\dot{a_0}}{a_0} \tag{5.32}$$

   と簡単に書くことが多い。t_0 は現在の時刻を表す。

   H の単位は km/s/Mpc なので、単位をなくすために 100 km/s/Mpc で割った値

   $$h \equiv \frac{H}{100 \text{ km/s/Mpc}} \tag{5.33}$$

   で表すこともある。

2. **臨界密度:**

   Friedmann の方程式 (5.28) において、$\Lambda = 0$ のとき、現在の値を用いて表せば

   $$\frac{\dot{a_0}^2}{a_0^2} + \frac{kc^2}{a_0^2} = \frac{8\pi G \rho}{3} \tag{5.34}$$

   となる。k について整理して式 (5.32) を用いれば、

   $$\begin{aligned} \frac{kc^2}{a_0^2} &= \frac{8\pi G \rho_0}{3} - H_0^2 \\ &= \frac{8\pi G \rho_0}{3} - \frac{8\pi G}{3} \cdot \frac{3}{8\pi G} H_0^2 \\ &= \frac{8\pi G}{3} \left(\rho_0 - \frac{3H_0^2}{8\pi G} \right) \end{aligned} \tag{5.35}$$

   となる。ここで、

   $$\rho_{\rm c} \equiv \frac{3H_0^2}{8\pi G} \tag{5.36}$$

   とすると、上の式は次のように整理され、

   $$\frac{kc^2}{a_0^2} = \frac{8\pi G}{3}(\rho_0 - \rho_{\rm c}) \tag{5.37}$$

   となる。$\rho_0 = \rho_{\rm c}$ の時、宇宙空間の曲率は $k = 0$ となり、平坦な開いた宇宙空間になる。$\rho_0 > \rho_{\rm c}$ の時には閉じた曲がった宇宙空間に、$\rho_0 < \rho_{\rm c}$ の時には開いた曲がった宇宙空間になる。$\rho_{\rm c}$ に比べて現在の宇宙空間の密度が大きいか小さいかの違いによって宇宙空間の形状、宇宙の進化などの性質が大きく変わることから、$\rho_{\rm c}$ を臨界密度と呼ぶ。臨界密度は万有引力定数 $G = 6.6742 \times 10^{-11}$ m³kg⁻¹s⁻² を用いて計算することが可能で、

   $$\rho_{\rm c} = 1.878 \times 10^{-29} h_0^2 \text{ gcm}^{-3} \tag{5.38}$$

   ここで、$h_0 \equiv H_0/100$ である。実際に計算することはちょうど良い頭の体操である。

3. **密度パラメーター:**

宇宙の物質、及びエネルギー密度を臨界密度

$$\rho_{\mathrm{c}} = \frac{3H_0^2}{8\pi G} \tag{5.39}$$

で割ったパラメーターである。例えば物質のエネルギー密度 ρ_{m} を臨界密度で割れば物質の密度パラメーターは

$$\Omega_{\mathrm{m}} \equiv \frac{\rho_{\mathrm{m}}}{\rho_{\mathrm{c}}} \tag{5.40}$$

と表される。さまざまな物質の密度パラメーターは銀河や銀河団の光学的観測、運動学的観測、宇宙背景輻射の温度揺らぎなどさまざまな方法によって観測されている。

4. **曲率係数:**

空間の曲率を表したパラメーターである。空間の曲率は平坦な空間（曲率ゼロ）、正の曲率、負の曲率を持った空間がある。$k = 0$ は平坦な空間を表し、$k = -1$ は負の曲率、$k = +1$ は正の曲率を持った空間を表す。$k = 0, 1$ の場合は宇宙空間は開いていると言い、宇宙の体積は無限大である。一方、$k = +1$ の場合は宇宙空間は閉じており、宇宙の体積は有限で $2\pi^2 a^3$ となる。

これは宇宙に果てがあることを意味していないことに注意してほしい。有限の大きさではあるが端は存在しないのである。一見矛盾することのように思われるが、例えば球面を思い浮かべてもらえればよい。球面は閉じた 2 次元の空間である。球面には端がないが表面積は有限である。これを 3 次元空間に拡張して考えてもらえればよい[*7]。宇宙の果てに向かって旅をするともとの場所に戻るということが起こる可能性はある。今のところ宇宙を 1 周して戻ってきた光（つまり我々の銀河の虚像）は観測されていない。この観測事実は宇宙が非常に大きいか宇宙空間が開いているかのどちらかであることを示す。

k についても単位のないパラメーターに変換することが多く、

$$\Omega_k \equiv \frac{kc^2}{H} \tag{5.41}$$

で表す。

5. **宇宙項:**

宇宙項ははじめアインシュタインが導入した定数で、現在まで数奇な運命をたどっている。アインシュタインは初め宇宙は永遠不変の定常的なものであると考えていた。ところがアインシュタインが作った宇宙進化の方程式を解いてみると、宇宙は膨張または収縮をしなければならないとの結果が出た。そこで、彼は宇宙を静止させるために方程式の中に余分な項を入れた。これが宇宙項 Λ である。アインシュタインが宇宙モデルを作った当時は、ようやく我々の天の川銀河の構造と大きさがわかり始めた頃であったので、このように考えるのはやむを得ない。

1929 年になってハッブルが宇宙の膨張を発見したことを知ったアインシュタインは宇宙項の導入を「生涯最大の過ち」と嘆いたことは極めて有名である。しかしながら、最近 20 年以内の観測結果は宇宙項 Λ が有限の値でなければ説明できないことを示している。宇宙項が復活した観測データおよび最新の状況については後に詳しく解説する。Λ も他のパラメーターと同様に単位をなくした

$$\lambda \equiv \frac{\Lambda c^2}{3H^2} \tag{5.42}$$

[*7] 人生最大級の想像力を必要とするかもしれないが、がんばってほしい。このような機会はまだまだこれからたくさん訪れる。

を用いて計算されることが多い。

上記のパラメーターは互いに関連を持っている。極めて重要な関係は

$$\Omega + \lambda = 1 + \Omega_k \tag{5.43}$$

である。実用的には宇宙空間の曲率を CMB の揺らぎのスケールから調べ、k を導いたのち、Ω と λ の最適な値を他の観測と照らしあわせて決定していった。

5.7 膨張方程式の解

Friedmann 方程式は、もともとアインシュタインが提案した方程式であったが、フリードマン (Alexander Friedmann 1888-1925) が世界で初めてこの方程式を解いたので彼の名前が冠されるようになった。これから方程式が簡単な順にいくつかの解を紹介していく。

5.7.1 アインシュタインの静止宇宙

アインシュタインは、自身が作った宇宙の方程式を解いたところ、その宇宙は不安定で膨張または収縮をするという解を得た。このころ、まだ宇宙に関する観測情報は貧弱で、宇宙が膨張しているだとか宇宙が百数十億光年もの広がりを持っているだとかは誰も予想していなかった。そんな中で彼が静止した宇宙を考えたのはごく自然なことであった。そこで、彼は自分が作った方程式を手直しして宇宙が静的で安定であるように書き換えた。つまり、仮想的な斥力を宇宙項 Λ によってつくり、物質による重力とつり合わせて静的な宇宙を記述しようとした。現代の宇宙観測には合致しないモデルではあるが、アインシュタインによって最初に解かれ、初心者でも簡単に解くことのできる例として静止宇宙の例を初めに考えてみよう。

Firedmann 方程式 (5.28) と (5.29) において $\dot{a} = 0$、$\ddot{a} = 0$ とすると、

$$\frac{8\pi G\rho}{3} + \frac{\Lambda c^2}{3} = \frac{kc^2}{a^2} \tag{5.44}$$

$$\frac{kc^2}{a^2} - \Lambda c^2 = -\frac{8\pi Gp}{c^2} \tag{5.45}$$

という方程式が得られる。これから宇宙のスケールファクター a と宇宙項 Λ について解く。宇宙が十分に広く、空間に満ちている輻射によるエネルギーは小さいと考えて輻射の圧力 $p = 0$ とすれば式 (5.45) より、

$$\frac{k}{a^2} = \Lambda \tag{5.46}$$

これを式 (5.44) に代入して整理すれば、

$$\Lambda = \frac{4\pi G\rho}{c^2} \tag{5.47}$$

を得る。宇宙の物質密度は観測から $\rho > 0$ であるため、$\Lambda > 0$ かつ $k > 0$ でなければならない。これらの関係を用いてスケールファクター a を求めると、

$$a = \sqrt{\frac{c^2 k}{4\pi G\rho}} \tag{5.48}$$

となる。

5.7.2 物質のないド・ジッター宇宙とミルン宇宙

このモデルも現実の宇宙とはかけ離れていることは明らかである。しかし、いきなり完全な宇宙を記述する方程式を解くことは困難であることが通例なので、簡単に解けてしかもでたらめな近似でない例から始める。物理学ではこのように順次近似の精度を高めていって最終目標に迫っていくという手法がよく用いられる。Friedmann の方程式 (5.28) と (5.29) の中で、物質がないことから $\rho = 0$、$p = 0$ とすれば、

$$\dot{a}^2 = \frac{\Lambda c^2}{3}a^2 - kc^2 \tag{5.49}$$

$$\frac{2\ddot{a}}{a} + \frac{\dot{a}^2}{a^2} + \frac{kc^2}{a^2} - \Lambda c^2 = 0 \tag{5.50}$$

となる。

$\Lambda > 0$ の場合について解いた解は、ド・ジッター（1872〜1934）が解いたことからド・ジッター宇宙と呼ばれている。$\Lambda > 0$ かつ $k = 0$ の時、式 (5.49) から

$$\left(\frac{\dot{a}}{a}\right)^2 = \frac{\Lambda c^2}{3} \tag{5.51}$$

これは容易に解くことができて

$$a(t) = A \exp\left(c\sqrt{\frac{\Lambda}{3}}t\right) \tag{5.52}$$

となる。A は積分定数で、宇宙誕生時の大きさと考えてよい。これと式 (5.42) より、

$$a(t) = A \exp(\sqrt{\lambda_0}H_0 t) \tag{5.53}$$

となる。

$\Lambda \neq 0$ かつ $k = +1, k = -1$ の時に解くことは少々難しいがそれぞれ、

$$a(t) = \frac{c}{\lambda_0 H_0} \cosh(\lambda_0 H_0 t), \quad \Lambda > 0, k = +1 \tag{5.54}$$

$$a(t) = \frac{c}{\lambda_0 H_0} \sinh(\lambda_0 H_0 t), \quad \Lambda > 0, k = -1 \tag{5.55}$$

となる。指数関数的に宇宙が膨張することがド・ジッター宇宙の特徴である。

$\Lambda = 0$ かつ $k = +1$ の場合には簡単に解けて、

$$a(t) = ct \tag{5.56}$$

と、一定の速度で膨張する宇宙となる。このような宇宙はミルン宇宙と呼ばれている。

5.7.3 フリードマン宇宙

$\lambda = 0$ で物質が存在する宇宙は、フリードマンによって解かれた。彼の解が発表された当時は静止宇宙モデルが主流であったため、アインシュタインの方程式の 1 つの解としてあまり注目されていなかった

が、1929 年にハッブルの法則が発表されて以来長い間宇宙の進化を表す標準的な方程式として詳しく議論されてきた。初めの方程式 (5.28) を $\Lambda = 0$ として書き直すと、

$$\frac{\dot{a}}{a} = \frac{8\pi G\rho}{3} - \frac{kc^2}{a^2} \tag{5.57}$$

となる。この方程式は $k \neq 0$ の場合には時間 t の代わりに ξ という変数を用いて表され、

$$a = \left(\frac{9}{4}\right)^{1/3} (ct)^{2/3} \qquad (k = 0) \tag{5.58}$$

$$a = \frac{1}{2}C(1 - \cos\xi), ct = \frac{1}{2}C(\xi - \sin\xi) \ (k = 1) \tag{5.59}$$

$$a = \frac{1}{2}C(\cosh\xi - 1), ct = \frac{1}{2}C(\xi - \sinh\xi)(k = -1) \tag{5.60}$$

と表される。ただし、

$$C \equiv \frac{8\pi G\rho}{3c^2}a^3 \tag{5.61}$$

である。このままでは何のことやらわからないであろうから、宇宙の大きさ a の時間変化の様子を図 5.8 に示す。図の実線は式 (5.60) の場合で、膨張する速さは徐々に遅くなっていくが無限に膨張し続ける。図の破線は式 (5.58) の場合で、無限の未来には膨張が止まり、宇宙の大きさは無限に広くなる。このような説明ではわかりにくいのだが（無限の未来っていつだ？ というように）、やむを得ない。$t \to \infty$ の極限で a と $\dot{a}$ を計算すると、数式としては理解できるようになってほしい。図の一点鎖線は式 (5.59) の場合で、宇宙膨張はある時に停止し、その後収縮に転じてしまう。この場合将来の宇宙は再び一点に集中し、超高温かつ超高圧の状態になるであろう。このような状態はビッグクランチと呼ばれている。宇宙論学者の中には宇宙はビッグバンによる生成とビッグクランチによる消滅を繰り返していると考えている人もいる。

　現在我々が観測できる宇宙の進化の様子は、$ct = 1$ における宇宙の大きさ $a\chi$ と、宇宙の膨張率 H_0、それから過去の宇宙の観測から宇宙の膨張率の時間変化を知ることができる。過去の宇宙を調べるためには光が有限の速さで伝わることを利用すればよい。1 億光年離れた天体から出た光は 1 億年かけて我々のところまで届いたので、我々はその天体の 1 億年前の姿を見ていることになる。つまり遠くを見ることによってより昔の宇宙の姿を観測することになる[*8]。昔の宇宙の姿は最近建設された大型の望遠鏡を用いて精力的に観測されており、徐々に宇宙進化の過程がわかりつつある。

5.7.4 ル・メートル宇宙

　物質も宇宙項も考えた、最も一般的な宇宙の進化はフランスの牧師ル・メートルによって調べられた。これはもはや解析的に方程式を解くことができないので、定性的にのみ解説する。宇宙項の影響で宇宙膨張の時間変化は複雑になるが、現在の観測では $\Lambda > 0$ かつ $k = 0$ の場合が現在観測されている最も確からしい宇宙のようである。この場合の宇宙進化の様子は図 5.9 に示すように膨張の中だるみが見られる。膨張の中だるみは、遠方の超新星を観測することで得られる銀河の後退距離を測定してその証拠をつかんだという報告がなされているがこれからも確認を続ける必要がある。ル・メートル宇宙は膨張速

[*8] 空気中では光は 1 nsec= 10^{-9} sec の間におよそ 30 cm の距離を進む。3 m 離れた人から自分までは 10 nsec の時間差があるのだ。そんな短い時間は日常生活ではまったく実感できないが、素粒子実験の装置を使えば簡単に測定することができる。

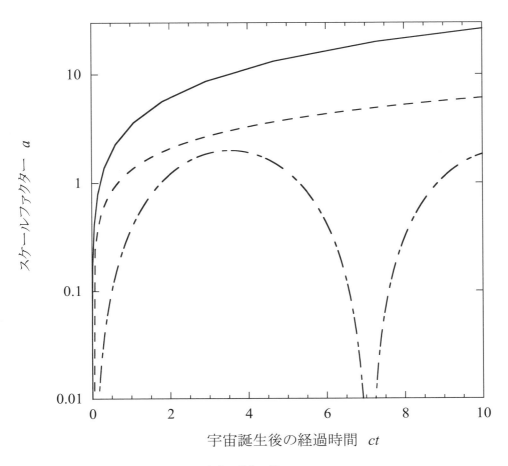

図 5.8　**Friedmann 宇宙の進化の様子**
経過時間は現在を $ct = 1$ として表示している。

度の中だるみのおかげで宇宙の年齢は長くなる。フリードマン宇宙ではなかなか矛盾を解消できなかった問題、つまり宇宙の年齢よりも古い恒星が存在するという問題は、ル・メートル宇宙の場合には解決可能である。中だるみが終わるとそれ以降の宇宙は指数関数的に永遠に膨張する。$\Lambda < 0$ の場合は宇宙項は引力として働くため、宇宙はある時点で収縮に転じ、ビッグクランチに至る。

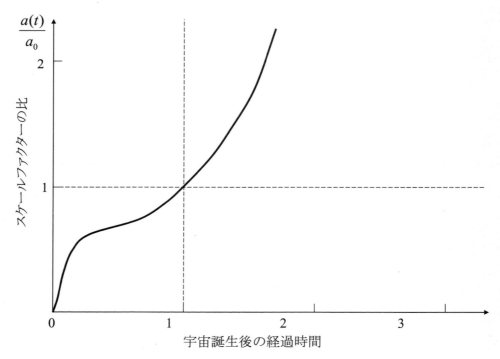

図 5.9 ル・メートル宇宙の進化の例
これは現在もっともらしいと思われている $\Lambda > 0$ かつ $k = 0$ の場合である。

第6章

宇宙の進化

6.1 膨張宇宙論（進化宇宙論）の観測的証拠

進化宇宙は、ハッブルの法則によってはじめの観測的証拠を得たあと、宇宙背景輻射の値とその温度揺らぎ、宇宙に含まれる元素の比率という証拠となる事実によって確認されてきた。ここでは、ビッグバン宇宙論、すなわち進化宇宙論に対するいくつかの証拠となる観測結果を紹介する。

6.1.1 ハッブルの法則

ハッブルの法則は宇宙が膨張していることの有力な証拠である。ただし、この法則には今でも多くの誤解があるので読者のみなさんもよくよく注意して読んで勉強していただきたい。宇宙論の啓蒙書の名著『ビッグバン　こうして宇宙は生まれた』（佐藤文隆著：講談社ブルーバックス、1984年）でも表紙の絵は誤解を招く描き方であると佐藤氏自身が述べている。

まず、銀河系レベルの大きさを持つ天体は宇宙膨張の影響をほとんど受けない。また、ハッブルの法則による後退速度は天体間の距離に比例して大きくなり、その比例定数（ハッブル定数）は極めて小さな値であるため、我々の日常生活では実感することは不可能である[*1]。銀河系やそこに含まれる天体は、空間のなかに“静止”している。もちろん銀河は固有の運動をしているため、厳密には静止していないが、これらの運動はハッブルの法則とは異なって運動の方向、速さともに規則はなく、全銀河を平均すれば運動していないことと同じになる。

そこで何が“膨張”して銀河が後退するのかというと、「空間」が膨張するのである。図6.1を見てみよう。宇宙空間は3次元的に拡がっているが紙面でそれを表現するのは大変困難であるため、空間を1次元に省略して描いている。図の下から上に向かって時間が経過していると考えよう。銀河は横線で描かれた空間に静止しており、空間の長さが時間とともに長くなっていくと考えてほしい。時間軸に沿って静止している観測者と銀河A、B、Cとの距離は、時間とともに大きくなっていくことがわかる。銀河が観測者から離れていく速さが、銀河の距離に比例して大きくなっていることに気付いてほしい。このように、宇宙空間が一様に膨張していると考えることによって自然にハッブルの法則が導き出されるのである。

また、宇宙空間が膨張していると考えると、宇宙の中心を特に決めなくてもよい。これは、「膨張するものは膨らむものの中心から膨らむはずでは」と考える人にとっては少々受け入れにくい考えかもしれ

[*1] このような、日常生活で実感できないことを理由に反論を展開する人がいるので少々困ったものである。

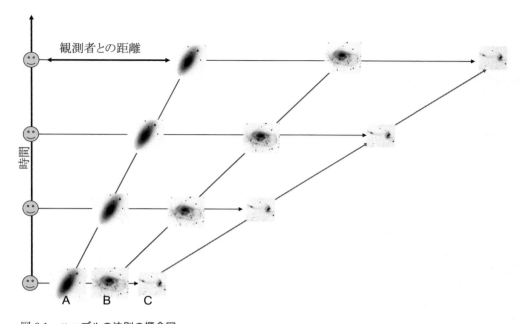

図 6.1 ハッブルの法則の概念図
空間に固定された銀河 A、B、C の距離が、空間が膨張することによって遠ざかる。

ない。図 6.2 を見てみよう。図のように分布する銀河が、空間の膨張に伴って互いの距離が離れるとき、どの銀河から見ても他の銀河の後退速度は互いの距離に比例する。あたかも自分を中心として宇宙が膨張しているかのように考えることができるが、本当に自分が宇宙の中心にいるのではないし、現在のところ「宇宙の中心」という特定の場所は見つかってはいない[*2]。

　これまで述べてきたように、ハッブルの法則は高速で我々から遠ざかっている銀河によって与えられた膨張宇宙の "動かぬ" 証拠である。ただし、最近までハッブル定数の観測値が極めて不正確であったため、他の方法（古い恒星の年齢など）による宇宙の年齢と矛盾する結果が出ていた。球状星団は我々の天の川銀河では最も古い恒星の集団であるとされている。球状星団は数十万から数百万個の恒星が密集している天体である（序論図 5 参照）。これら球状星団の年齢はおよそ 140 億年とされているため、ハッブル定数の値が大きすぎると宇宙の年齢の方が宇宙の中に存在する天体よりも若いという矛盾が生じてしまうのであった。このような矛盾を確認するため、ハッブル定数はさまざまな方法で精密に測定されてきた。

　ハッブル定数の精密な測定は、まさにその名前が付けられたハッブル宇宙望遠鏡から始まった。Hubble Key Project では、31 個の銀河の距離をセファイドの周期-光度関係から求めた。これによって 400 Mpc〜600 Mpc にわたる近くの銀河の距離が正確にわかり、他の第 2 段階の距離測定方法（Ia 型超新星、Tully-Fisher 関係、II 型超新星や銀河表面の揺らぎなど）との精密な関連が明らかになった。現在、ハッブル定数を精密に決める観測として WMAP よりも高い精度で観測を始めた Planck 人工衛星に

[*2] 同様に「宇宙の端」も見つかってはいない。インターネットの掲示板や質問掲示板に「宇宙の端はあるの？」という質問がよく見られるが、多くの回答が間違っていたり誤解に基づくものである。正解ももちろんあるのだが、多すぎる誤回答にかき消されている感がある。多くの人に本書や他の良書を読んでもらいたいと願う。

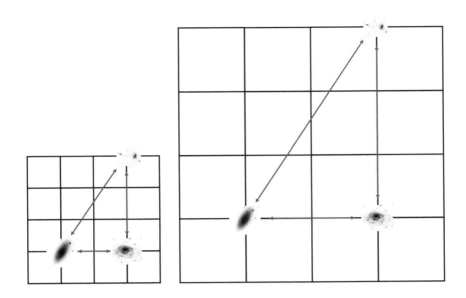

図 6.2　一様に拡がる空間に固定された銀河が離れていく様子
どの銀河から見ても、互いの距離に比例して後退速度が大きくなるため、「中心」というものは必要
ない。

よる観測などから

$$H_0 = 67 \sim 68 \text{ km/sec/Mpc} \tag{6.1}$$

という値を得ている。ハッブル定数の値に幅があるのは、それぞれの測定による値にわずかな違いがあ
ることを示している。詳しい説明は後の章で述べる。

6.1.2　宇宙マイクロ波背景輻射

　宇宙マイクロ波背景輻射は、1965 年にアメリカのベル電話研究所の通信技術者ウィルソンとペンジア
スによって発見された。彼らは当時電波望遠鏡の開発をしていたが、どうしても除去できないノイズに
悩まされていた。このノイズの特徴は、空のどの方向に向けても一様に受信されてしまうことであった。
宇宙からさまざまな種類の電波はやってきていることはよく知られており、例えば天の川銀河や木星、
太陽などからも強い電波がやってきている。しかし、これらの電波は特定の方向からやってくるもので
あり、彼らが捕らえたノイズはこれまで知られていたどの電波源にも一致しなかった。

　この情報を聞いたプリンストン大学のグループは、ノイズの波長から電波源の温度を推定した。電磁
波の波長スペクトルから、この電磁波はマイクロ波[*3]の領域が最も強い、黒体輻射の分布をしているこ
とがわかり、その黒体の温度は約 3 K であることがわかった。この結果は宇宙進化論に対して大きなイ

[*3] マイクロ波は電磁波の一種で、波長が数分の 1 mm から数 cm のものをいう。携帯電話（波長約 15cm）や電子レンジ（波
　　長約 12cm）で使用している電波もマイクロ波である。

ンパクトをもたらした。定常宇宙論を主張する側から見れば、当初予想できていなかったマイクロ波背景輻射は強い逆風であった。彼らは、通常の天体からやってくる光が宇宙空間を漂う塵などに散乱されてエネルギーを失い、3 K の放射として観測されていると主張した。しかし、そのような仮定では宇宙の全方向から一様にやってくることをうまく説明することができなかった。

　一方、ビッグバン宇宙論はこの電磁波がビッグバンの名残である宇宙マイクロ波背景輻射であると主張した。進化宇宙論を主張したガモフ (1904-1968) は、宇宙の始まりは高温かつ高密度であったと考えた。高温の宇宙が膨張すると断熱膨張によって宇宙の温度が下がっていく。断熱膨張は外界との熱のやりとりがない環境で膨張が起こる現象で、温度の低下は急激である。日常生活でもスプレー缶を噴射し続けると缶の温度が下がる現象として体験できる。ガモフらの計算では宇宙の温度は現在も低下し続け、その温度は宇宙マイクロ波背景輻射で観測可能であり、およそ 5 K の黒体輻射になると予想していた。

　宇宙マイクロ波背景輻射が発見された当初は、ガモフらの理論による計算値とのずれがあったが、その後理論の修正によってビッグバン宇宙論で 3 K の宇宙マイクロ波背景輻射がうまく説明できるようになった。それ以来、宇宙マイクロ波背景輻射は膨張宇宙論の重要な証拠であると考えられるようになった。

　宇宙マイクロ波背景輻射という名前は長いのでよく省略されている。ある本は宇宙背景輻射、また別の本はマイクロ波背景輻射としている。どれも前後の文脈から判断できるので賢明な読者は混乱することはないだろう。英語では Cosmic Microwave Background の頭文字を取って CMB と略している。本書でも今後は CMB を用いることにする。

　なぜ CMB がビッグバン宇宙論の証拠となるかを説明しよう。先にも述べたように、ビッグバン宇宙論では宇宙の始まりは高温かつ高密度のプラズマ状態であったと考えられている。宇宙の温度が高い間は、原子は安定に存在することができず、原子核と電子がバラバラに引き裂かれていた（電離という）。このとき、物体から出た光は自由になっている電子と頻繁に衝突してしまうため散乱されてしまう。したがって、この頃は宇宙の遠いところを見渡すことができなかった。宇宙の膨張に伴って温度が低下すると、自由に飛び回っていた電子は原子核に束縛されるようになり、宇宙空間の電子密度が低下する。光がほとんど電子に散乱されなくなるまで電子の密度が低下すると、その光は宇宙空間をどこまででも進むことができるようになる。この光が放射された直後の宇宙はおよそ 3 000 K であったため、3 000 K に対応する黒体輻射の光が宇宙空間全体から放射されていた。その光は可視光線の赤色に相当する光である。その後の宇宙の膨張は当時の光を赤方偏移させてしまい、現代に生きる我々が観測する頃には 2.7 K という極低温の黒体輻射として観測されることになる。

　CMB が宇宙初期における高温プラズマの残光であるならば、CMB が示す温度のわずかな揺らぎは宇宙初期の物質密度の分布を表していることになる。物質密度が周囲よりもわずかに高い場所から放出された光は、物質による重力によって赤方偏移を受けるため周囲より温度がわずかに低くなるはずである。物質密度が周囲よりも高い場所は、周囲よりも重力が強いので周囲の物質を集める。そしてさらに密度が高くなって周囲の物質を集めていく。このようにして宇宙の中に物質が高密度に集まった部分と、物質がほとんどない部分ができる。高密度に物質が集まったところでは銀河団がはじめにできてその後銀河が生まれた。物質の少ない部分は現在でもボイド（泡）という構造として観測されている。

　CMB の観測は、マイクロ波の大部分が大気によって吸収されてしまうために地上では困難である。多くの場合、気球を飛ばして大気圏の上層約 30〜40 km に受信機を打ち上げるか、人工衛星で完全に大気圏外で観測するかの方法をとっている。前者は、BOOMEranG、ACBAR、BEAST、CAPMAP、CBI、CG、DASI、QuaD、TopHat など多数のグループが現在もデータを収集し続け、他にも 1980 年代終わり

から最近までの間に多くのグループが多数の観測を行った。気球による観測では全天の観測は不可能であるが、多くの観測結果を組み合わせることによって全天の CMB 温度分布を調べることができる。ただし、気球を使って上空に観測器を持っていっても大気の吸収による影響は存在するという難点がある。後者は COBE と WMAP が素晴らしい研究を行った。人工衛星による観測の利点は、地球による影響を避けることができ、全天の観測が 1 つのシステムで可能であるため、装置の癖などによる誤差が少ないことである。難点は人工衛星を飛ばすためのコストがまだまだ高いことであろう。COBE は 1989 年に NASA によって打ち上げられた人工衛星の搭載された CMB 観測装置で、世界で初めて全天の CMB 強度を測定し、全天でほとんど一様であるが、極めてわずかながらも場所によって温度の違いがあることを示した。

　図 6.3 は COBE によって世界で初めて観測された全天の CMB の温度分布である。この観測によって、CMB の平均温度は 2.7 K であることが確定した。このころまでに修正されていたビッグバン宇宙論の予想値は COBE の結果と一致するため、CMB がビッグバン宇宙論の重要な証拠であることが広く認識されるに至った。図 6.3 の下図が CMB の温度揺らぎを示した図で、温度差はわずか数 μK にすぎないが、この構造から宇宙進化のさまざまな姿が浮かび上がったのである。

　しかしながら、COBE の観測データは宇宙物理学研究者の要求を完全に満たすには至らなかった。それは、角度分解能が悪かったことに起因する。COBE の角度分解能は数度で、CMB 揺らぎの細かい構造を観測するには性能が不足していた。ビッグバン宇宙論では宇宙の進化は宇宙のエネルギー密度、空間の曲率ほかの重要なパラメーターが多数ある。これらのパラメーターを精度良く測定するためには、1 度以下の角度分解能を持つ必要があった。人工衛星による高精度の観測計画はアメリカの MAP 計画と、ヨーロッパの Planck 計画の 2 つが進められた。

　MAP 計画は COBE 計画の後継機として開発され、CMB の構造を十分な精度で観測できるように高い角度分解能を有する装置を搭載して 2001 年に打ち上げられた。MAP プロジェクトは計画途中で亡くなったリーダー格の研究者 Wilkinson 博士の頭文字をつけて WMAP と呼ぶようになっている。注目の角度分解能は 0.3 度で、宇宙論のモデルを議論する際に重要な各種パラメーターを観測するには十分な精度であった。図 6.4 に WMAP によって観測された CMB の揺らぎ分布を示す。

　Planck 計画はヨーロッパの研究機関が共同で開発した人工衛星で、2009 年に打ち上げられた。その後 2 年半にわたって全天の観測を終了し、2013 年春にその成果を一斉に報告した。Planck の角度分解能は 217 GHz 以上の高周波数の領域で角度 5 分 (0.083 度) と WMAP よりもさらに高い角度分解能を達成した。その結果を図 6.5 に示す。

　CMB の観測は宇宙誕生直後は高温で高密度であったことを明確に示すことに成功した。さらに、CMB の微細な温度ゆらぎの構造を解析することによって、宇宙の晴れ上がり以降の進化過程についても重要な情報を得ることができた。CMB の揺らぎの大きさは、宇宙初期に互いに相互作用が可能であった領域の大きさを表している。現在広く支持されているインフレーション宇宙論では、宇宙が生まれてしばらくの間に宇宙空間の各所で物質とエネルギーのやりとりが起こり、全体として均一な宇宙ができた。

　この結果、CMB の温度が全天でほとんど同じ 2.7K になったと考えられている。宇宙誕生後しばらくして宇宙空間が急激に膨張を開始した。この膨張は現在に至る宇宙の歴史のなかで最も急激であった。インフレーションによってこれまで互いに物質やエネルギーをやりとりしていて互いに関係を持っていた領域は引き離されてしまった。宇宙背景輻射は宇宙誕生後およそ 37 万年後の様子を見ていることになる。

　インフレーション後から 37 万年後までの間に互いに物質やエネルギーのやりとりができた範囲（最大

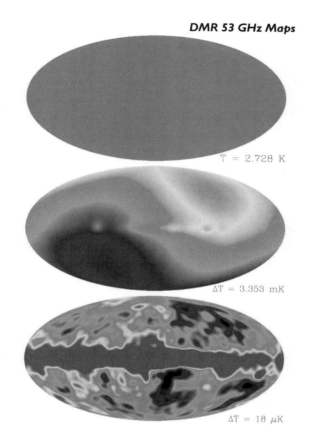

図 6.3 **COBE** によって観測された **CMB** の全天分布
（上）観測された生データ、（中）2.7 K の黒体輻射による平均値を除去したデータ、（下）太陽系の運動
により異方性と銀河による放射を除いたデータ。http://lambda.gsfc.nasa.gov/product/cobe/より。

で約 37 万光年分）は、物質の密度や温度が均一になりうるので、CMB の温度が一定である範囲の大き
さを測れば宇宙空間が平坦であるか、それとも曲がっているかが明らかになる。宇宙空間の曲率が 0、す
なわち平坦な空間であれば、CMB に見られる最も小さい構造の大きさはおよそ 0.8 度の広がりを持っ
て観測されるはずである。宇宙空間が平坦でない場合は空間の曲率に応じて CMB の広がりが変わって
くる。

　空間が重力の作用によってグニャグニャと変形することはアインシュタインが一般相対性理論で提案
した。光は曲がった空間を、2 点間の行程が最短になる道筋を選んで進む。さて、平坦な空間の曲率は 0
であり、この場合平行に進む光は永遠に出会うことはない。したがって、遠方の天体などの構造物は本
来の大きさのとおりに観測される。

　空間が曲がっている場合は遠方の天体の大きさは本来の大きさとは異なって見えてしまう。そのこと
を理解するために正曲率の空間の例である地球の表面について考えてみよう。赤道直下の離れた 2 点か
ら同時に真北に向けて出発した飛行機が北極点で出会う。正曲率空間の場合はじめ平行に進んでいた 2

図 6.4　**WMAP によって得られた全天の CMB 揺らぎ分布**
赤い色は温度が高く、青い部分は温度が低い。(http://map.gsfc.nasa.gov) に掲載の図。

図 6.5　**Planck の観測による CMB の不均一地図**
WMAP よりも角度分解能が向上して細かい構造が見られた。
http://www.rssd.esa.int/index.php?project=Planck に掲載の図

つの光はしだいに近づくので、その光を観測すると遠方の天体からやってくる光は互いに収束するような経路をたどって観測者に届く。そのため、遠方の天体、例えば CMB の揺らぎの構造は本来の大きさよりも拡大されて観測される。この様子は図 6.6 の中図に示されている。一方、空間の曲率が負になっている場合は、平行に進んでいる 2 つの光線はしだいに離れていく。光線の進み方は正曲率の空間の場合と逆に曲がって進むのである。したがって、図 6.6 の下図に示されているように、遠方の天体や CMB の構造は本来の大きさよりも縮小されて観測される。このように、CMB の揺らぎ構造の大きさを観測することによって、宇宙全体の空間がどのように曲がっているかがわかる。

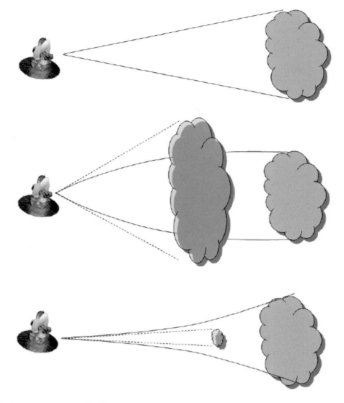

図 6.6　空間の曲率による CMB 構造の見え方の違い
上：宇宙空間が平坦だと CMB の構造は本来の大きさ（およそ 0.8 度）と同じ大きさで観測される。
中：宇宙空間の曲率が正である場合、光は収束しながら観測者に届くため、本来の大きさよりも拡大
されて観測される。下：宇宙空間の曲率が負である場合、光は拡がりながら観測者に届くため本来の
大きさよりも縮小されて観測される。

　どの程度の大きさをもつ構造が宇宙初期に存在したかを調べるには、宇宙の異なる方向からやってく
る CMB について温度差の構造を調べればよい。構造の大きさは角度だけで測ることができるので、構
造の大きさを角度の関数である球面調和関数（付録 D 参照）で展開すればよい。このような解析方法は、
物理学では多重極展開として広く応用されており、l は多重極度と呼ばれている。直感的に理解するには
多重極度が多いと、凸凹の広がりが小さくなっていく。例えば $l = 0$ は多重極度 0 で、凹凸のない球面
を表す。これは全天から一様に分布する成分、すなわち CMB の平均温度に対応する。$l = 1$ は双極子、
$l = 2$ は四重極子を表す。ΔT はある方向から来る CMB の波長分布を温度に変換した値から全方向の平
均値 2.7 K を引き算したものである。単純な引き算では正の値と負の値が混在し、総計は 0 になってし
まうために取り扱いが面倒であるため、温度差の 2 乗 ΔT_l^2 を使って CMB 分布の構造を調べる。温度差
分布の構造を解析する関数は、

$$\Delta T_l^2 = \frac{1}{2\pi} C_l l(l+1) \tag{6.2}$$

で表す。右辺について角度 θ の関数に書き換えると

$$C(\theta) = \frac{1}{4\pi} \sum_l C_l P_l(\cos\theta) \tag{6.3}$$

という形になる。Planck 人工衛星によって観測された温度差の角度分布を図 6.7 に示す。図の横軸は角

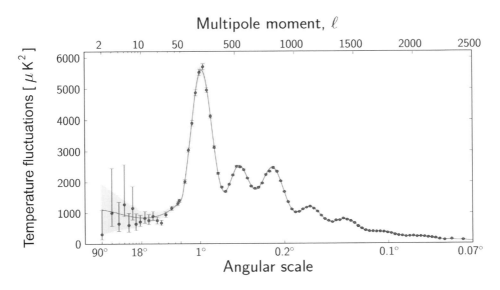

図 6.7　**温度差の角度相関関数の観測値**
実線は宇宙論の各種パラメーターを調整して実験データ（点）を最もよく再現したモデル計算。Planck
計画のサイト http://sci.esa.int/planck/ に紹介されている図を転載。

度 θ である。これは、CMB の凹凸の角度が何度になっているかを表している。角度 $1°$ 付近に見られる
大きなピークは、CMB の揺らぎ構造の中で最もたくさん見られる大きさの凹凸の見かけの角度を示して
いる。

　この結果から宇宙論における重要なパラメーターが多数決定された。はじめに宇宙空間の平坦性につ
いては温度揺らぎの大きさから $k = 0$、つまり宇宙空間は平坦であることが示された。次に宇宙の密度パ
ラメーターについては次のように詳しい成分が明らかになった。

$$\Omega_{\text{Total}} = 1.0005 \pm 0.0033 \tag{6.4}$$

これは、Planck の他に超新星による距離の観測、ハッブル宇宙望遠鏡、2dF プロジェクトによる銀河の
距離の測定を組み合わせた結果である。この結果から宇宙の密度は臨界密度に極めて近い値であること
を示している。また、宇宙空間の平坦性と $\Omega_{\text{Total}} = 1$ の結果は、佐藤勝彦やアラン・グースらが提唱し
たインフレーション宇宙論を支持している。また、物質とバリオンの密度パラメーターも Planck の結果
から明らかになり、

$$\Omega_{\text{CDM}} h^2 = 0.1198 \pm 0.0026 \tag{6.5}$$

$$\Omega_{\text{B}} h^2 = 0.02207 \pm 0.00027 \tag{6.6}$$

ここで、Ω_{CDM}、Ω_{B} はそれぞれ物質、バリオンの密度パラメーターである。また、バリオンは物質の中に含まれている。h はハッブルパラメーターでハッブル定数を 100 km/Mpc/s で割った値である。ハッブルパラメーターについては

$$h = 0.673 \pm 0.012 \tag{6.7}$$

であることが求められた。

　ここで賢明な読者はすぐに $\Omega_{\mathrm{Total}} > \Omega_{\mathrm{m}} = \Omega_{\mathrm{B}} + \Omega_{\mathrm{CDM}}$ であることに気付くであろう。残りは何であるかについて多くの議論が行われていた。1980 年頃から日本の吉井譲らが宇宙項を復活させるべきであるという議論を展開し始めていた。1990 年頃までほとんど見向きもされなかった宇宙項は、WMAP の先代観測器である COBE の結果が出た頃から注目されはじめた。WMAP とその他の観測結果を組み合わせても同様の結果が得られた。その結果、ハッブルの法則発見以来忘れられていた宇宙項が復活した。すべての観測結果をうまく説明するために必要な宇宙項は、

$$\Omega_{\Lambda} = 0.685^{+0.017}_{-0.016} \tag{6.8}$$

であることが明らかになった。これで宇宙の構成メンバーが明らかになった[*4]。それは

1. 我々の身の周りの物質を構成する物質は宇宙の全エネルギーのうち 5% である。
2. 未知の物質からなる宇宙暗黒物質は宇宙の全エネルギーのうち 26% である。
3. 宇宙項に基づくダークエネルギーは宇宙の全エネルギーのうち 69% である。

という構成である。ダークエネルギーという名前はアメリカの M. Turner が呼んだことから広く受け入れられている。宇宙を加速膨張させるためのエネルギーという意味である。

　WMAP、Planck の観測によって宇宙の各パラメーターが決まったことから Friedmann 方程式を解くことができて宇宙の年齢が正確に求められるようになった。その結果、宇宙の年齢は 138.1 $\pm$ 0.5 億歳であることがわかった。この年齢は、球状星団で観測される最も古い恒星の年齢よりも古いことがわかり、宇宙の年齢よりも恒星のほうが年老いているという矛盾は解消された。

6.1.3　宇宙の元素構成比

　宇宙に存在する元素の比率は我々が住んでいる地球における比率とは大きく異なる。表 6.1 に地殻（地球表面の岩石でできている部分）における元素の存在比を示す。地球上の物質のほとんどがケイ素、アルミニウム、鉄などの重い元素でできていることがわかる。この表に載っている元素を全部足しても 50% を少し超える程度にしかなっていない。残りはケイ素と化合して二酸化ケイ素 (SiO_2) を作っている酸素 (O) である。酸素は大気中に含まれるよりも岩石に含まれる量の方が多い。

　さて、本書は宇宙に関する本であるから、宇宙の元素比を紹介してみよう。表 6.2 に宇宙に存在する元素の比率を示す。地球の元素比とは大きく異なっていることに驚くであろう。このような宇宙の元素構成は、ビッグバン宇宙論によって矛盾なく説明される。

　ビッグバンの後、数分の間は宇宙の温度が高く、激しい素粒子反応が起こっていた（詳しくは後の章で解説）。宇宙の膨張とともに温度が下がり、やがてクォークが陽子と中性子に閉じこめられる。中性子は陽子より 1.293 MeV だけ重く、その分エネルギーが高いということになる。宇宙の温度が 1.293 MeV

[*4] 下に示す割合は 2015 年時点のもので、観測データの解釈などによって前後数ポイントの違いがある。

表 6.1　地殻における元素存在度の上位 10 種。(理科年表 2005 年版より抜粋し、整理しなおしたもの)

元素	元素記号	比率 (%)
ケイ素	Si	26.77
アルミニウム	Al	8.41
鉄	Fe	7.07
カルシウム	Ca	5.29
マグネシウム	Mg	3.2
ナトリウム	Na	2.3
カリウム	K	0.91
チタン	Ti	0.54
マンガン	Mn	0.14
ストロンチウム	Sr	0.026

表 6.2　宇宙における元素の質量比。(理科年表 2005 年版より抜粋)

元素	元素記号	比率 (%)
水素	H	70.7 ± 2.5
ヘリウム	He	27 ± 6
その他		1.9 ± 8.5

よりも十分に高いときは、質量エネルギーの差は無いに等しいので中性子と陽子の間は相互に自由に反応して変換できた。つまり、

$$n \leftrightarrow p + e^- + \bar{\nu}_e \tag{6.9}$$

というように両方向の反応が同じ頻度で起こっていた。中性子の数と陽子の数はほとんど同じになっている間に、それぞれが反応してより重い元素を合成していった。時間がたって宇宙の温度が下がると陽子と中性子の質量差は決定的になり、重い中性子がより軽い陽子に崩壊する反応、

$$n \rightarrow p + e^- + \bar{\nu}_e \tag{6.10}$$

しか起こらなくなる。そして中性子は半減期 614.8 秒で崩壊して減少する。宇宙初期のこのわずかな間、実際にはおよそ 3 分の間に、陽子と中性子を原料としてヘリウムやリチウムという軽元素が合成された。宇宙初期に起こった元素の合成をビッグバン元素合成 (Big Bang Nucleosynthesis) または初期宇宙元素合成 (Primodial Nucleosynthesis) という。

　初期宇宙元素合成の詳細について紹介していこう。宇宙に陽子と中性子が多数存在したとき、中性子が崩壊して減ってしまうまでのわずかな間に、まず陽子と中性子が融合して重水素を作った。

$$n + p \rightarrow {}^2H + \gamma \tag{6.11}$$

ここで、γ はエネルギー 2.2 MeV の γ 線である。合成された 2 つの重水素が融合すると、

$$^2H + {}^2H \rightarrow {}^4He + \gamma \tag{6.12}$$

という反応でヘリウム 4 ができる。しかし、途中に三重水素やヘリウム 3 を経由する以下の反応の方がよく起こる。

$$^2\mathrm{H} + \mathrm{p} \rightarrow {}^3\mathrm{He} + \gamma \tag{6.13}$$

$$^2\mathrm{H} + \mathrm{n} \rightarrow {}^3\mathrm{H} + \gamma \tag{6.14}$$

$$^2\mathrm{H} + {}^2\mathrm{H} \rightarrow {}^3\mathrm{He} + \mathrm{n} \tag{6.15}$$

これらの反応で作られた三重水素やヘリウム 3 は直ちに陽子や中性子、重水素と融合してヘリウム 4 になる。

$$^3\mathrm{H} + \mathrm{p} \rightarrow {}^4\mathrm{He} + \gamma \tag{6.16}$$

$$^3\mathrm{He} + \mathrm{n} \rightarrow {}^4\mathrm{He} + \gamma \tag{6.17}$$

$$^3\mathrm{H} + {}^2\mathrm{H} \rightarrow {}^4\mathrm{He} + \mathrm{n} \tag{6.18}$$

$$^3\mathrm{He} + {}^2\mathrm{H} \rightarrow {}^4\mathrm{He} + \mathrm{p} \tag{6.19}$$

このようにして宇宙の物質のうちおよそ 25% がヘリウム 4 になる。ヘリウム 4 は初期宇宙の元素合成において大きな壁となっている。なぜなら、ヘリウム 4 の次に合成されるはずの、質量数 5 の原子核には安定なものが存在しないからである。初期宇宙に多数存在した陽子、中性子、ヘリウム 4 から合成される水素 5 ($^5\mathrm{H}$) やヘリウム 5 ($^5\mathrm{He}$) には原子核に束縛状態がなく、安定に存在できない。そのため、ヘリウム 4 よりも重い元素は宇宙初期ではなかなか合成されない。ヘリウム 4 よりも重い原子核は、ヘリウム 4 にヘリウム 3 や三重水素が反応する次の反応、

$$^3\mathrm{He} + {}^4\mathrm{He} \rightarrow {}^7\mathrm{Be} + \gamma \tag{6.20}$$

$$^3\mathrm{H} + {}^4\mathrm{He} \rightarrow {}^7\mathrm{Li} + \gamma \tag{6.21}$$

によって合成される。この反応が進む条件はヘリウム 4 の量が十分あり、かつ、宇宙の温度が十分高いことである。したがって宇宙誕生後の約 300 ～1 000 秒のわずかな間にしかリチウム 7 とベリリウム 7 が作られず、宇宙における存在比は 10^{-4} 以下と極めて小さい。

6.2　宇宙の始まりと物質の起源

　本節ではビッグバン宇宙論を支持する証拠に基づき、宇宙の進化の歴史を紹介する。ビッグバン宇宙論では宇宙には始まりの瞬間があり、それ以降の宇宙の姿の変遷は物理学の予言に基づいて推測することができる。現代の高性能な観測装置によって宇宙初期の姿が明らかになってきたことにより、その推測が正しいことが証明されている。ただし、現代の物理学では、宇宙の始まりのまさにその瞬間（宇宙時間という時間を設定すれば時刻 0 時 0 分 0 秒）で何が起こっているのかを推測することは極めて困難である。同時に、宇宙の始まりのその前についても現代の物理学では何も答えを出すことができない。それらのことを念頭に置きながら以降の各節を読んでいただければ、現代の宇宙論の最先端がどこにあるかがわかってくるのではないかと思う。

6.2.1　始まりの瞬間

　ハッブルの法則に従って時間を逆算していくと、現在我々が見ている広大な宇宙空間は極めて小さな一点に凝縮されていたことが推測される。地球や太陽、銀河系やもっと多くの他の銀河がすべて極めて

小さな一点に集まっていたとすると、宇宙の始まりの瞬間は極めて高温かつ高密度な状態になっていたと考えられる。前にも述べたように、宇宙が誕生する瞬間、すなわち宇宙全体の時刻で $t = 0$ 秒では密度無限大、温度無限大であるという結果を与える。しかし、無限大からは何も得る物はなく、物理的に意味のある現象を予測することはできない。時間、空間において密度が無限になってしまう点のことを時空の特異点という。宇宙の始まりを研究する人びとは、まさにこの特異点の問題に悩まされてきた。宇宙の始まりに特異点が事象の地平面に隠されず裸の状態で現れることは宇宙論の破綻を意味する。なぜなら特異点は意味のある情報を発信することはなく、裸になった特異点から現在我々が観測している宇宙を理論的に構成することは不可能だからである。

　宇宙に実在するであろう時空の特異点の代表例はブラックホールの中心部である。球対称な天体が重力崩壊して誕生するブラックホールは、その中心の密度、重力が無限大になってしまう。そこでは、いわば時空が「破れた」状態になっているのである。しかしながら、我々はそのような恐ろしい状況を観測することはない。なぜならば、ブラックホールに現れる時空の特異点は我々が観測「可能な」ブラックホール、すなわち事象の地平面によって閉じこめられているからである。事象の地平面よりも向こう側にあるものを我々は観測することができないし、向こう側の何かが我々の時空に対して影響を及ぼすことはできない。時空の特異点が事象の地平面によって隠されていることは、宇宙では一般的に起こっていることであると考え、ロジャー・ペンローズは「特異点定理」を提案した。

　ペンローズの特異点定理によって、ブラックホールに関わる裸の特異点が生じる心配はなくなった。しかし、宇宙の始まりにおいては、宇宙自身が特異点にならざるを得ず、そこに裸の特異点が存在してしまう。そのような裸の特異点が宇宙の始まりに現れないような宇宙論は、現在の理論宇宙論のホットな話題であり、世界中の物理学者達が日夜研究に取り組んでいる。イギリスのホーキングもその一人であり、裸の特異点を我々の時空から見えなくするために時間に関して虚数[*5]を導入した考えを発表している。

　現代の物理学が計算可能な最初の瞬間は、宇宙誕生後およそ 10^{-43} 秒である。これは時間の最小単位であると考えることができるプランク時間である。プランク時間とは、宇宙の基本的な定数である、プランク定数 $\hbar$、万有引力定数 G、光の速さ c を組み合わせて次の式で求められる。

$$t_\mathrm{P} \equiv \sqrt{\frac{\hbar G}{c^5}} = 5.4 \times 10^{-44} \text{ sec} \tag{6.22}$$

この瞬間では宇宙を支配する相互作用はすべて統一されていて、現在我々が観測するような強い相互作用、弱い相互作用、電磁相互作用および重力相互作用という 4 つの基本的相互作用は区別がつかない状態になっていたと考えられる。

　プランク時間後の宇宙の大きさについてはよく注意しておかなければならない。宇宙の大きさという表現をするとき、普通ならば宇宙全体の大きさを考えているかのように思われるが、これは正確ではない。時空の地平線よりも遠い場所を観測することはできないため、宇宙空間が実際にどこまで大きく広がっているかを知ることはできないのである。これは宇宙の地平線問題として知られている問題点である。宇宙の年齢が有限であれば、我々が観測することのできる宇宙の最も遠い所は宇宙の年齢に光の速さをかけた距離だけ離れた場所である。宇宙の年齢が無限であるならば、我々はいくらでも遠くにある

[*5] 虚数とは 2 乗して負の数になるような数のこと。

天体を観測することが可能である。宇宙誕生後プランク時間が経過したころの時空の地平線は

$$\ell_P \equiv ct_P \qquad (6.23)$$
$$= 1.6 \times 10^{-33} \text{ m}$$

という長さになる。この長さはプランク長と呼ばれている距離である。

　図を使って解説してみよう。図 6.8 に示すような、宇宙空間に独立に存在する 3 つの観測者を考える。図において、自分が観測者 B であると考えてみよう。宇宙誕生時には光は進んでいないので、自分以外

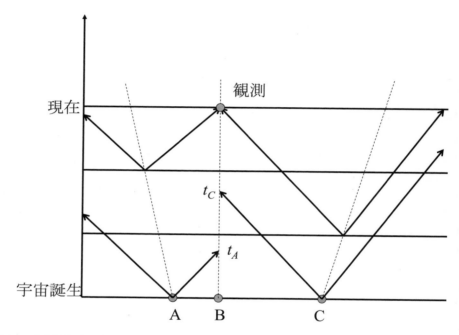

図 6.8　宇宙誕生時に独立に存在していた 3 つの観測者 A、B、C の位置関係の変化
縦軸は時間の経過を表す。太い斜線の矢印は、それぞれの時刻に A および C から放出された光の進路を表す。このような図では光の進路は角度 45° の直線で描く習慣になっている。時間の経過とともに互いに相互作用ができる領域が拡がっていくことがわかるだろう。

の誰とも情報を交換することができない。したがって、他の観測者 A や C の存在は知らないのである。さて、膨脹宇宙論に従って空間が膨脹しながら宇宙が進化していく過程で、B には初めに A の情報が時刻 t_A に到達し、次に C の情報が時刻 t_C に到達する[*6]。宇宙誕生後 t 秒の時点で互いに距離 $c \times t$ 以上離れた 2 つの場所は情報のやりとりがないため、お互いの温度や密度が同じである必然性は無い。

　宇宙の離れた各地点同士で温度や密度をやりとりするには、有限の時間が必要である。我々が観測することのできる最も古い宇宙の姿は宇宙背景輻射であるから、宇宙背景輻射の温度のゆらぎの大きさを調べれば、宇宙初期における物質密度の分布がわかる。COBE の観測結果は、宇宙の地平線問題に対して驚くべき示唆を与えた。宇宙背景輻射の温度ゆらぎの大きさはわずか数 μK で、数十万分の一という高い精度で宇宙の各地点の密度が等しいことを示した。

[*6] 相対性理論の原理により、情報は真空中の光速よりも速く伝わらない。

　先ほど述べたように、宇宙の初期ではごく近傍の領域のみが情報をやりとりできることから、COBE の観測結果のように宇宙全体にわたって密度が一致することは極めて不自然なこととなる。よく使われるたとえであるが、パーティーの出席者が全員打ち合わせなしに同じ服を着てくるという異常事態である。さらにいえば数十万人の参加者がみんなまったく同じ服を着てくるわけである。このような問題を解決する方法が活発に議論されてきたが、現在最も有力視されている説がインフレーション宇宙論である。

6.2.2　インフレーション宇宙論

　インフレーションとは、もともとは経済学の用語である。通貨の価値が下がって通貨の流通量が増え、それに伴って物価が上昇する現象をインフレーションと呼ぶ。これを宇宙論に応用したのはアラン・グース[7] と、佐藤勝彦である[8] 。

　宇宙初期においては宇宙の膨張速度は緩やかであり、その間に宇宙全体でエネルギーのやりとりが行われ、物質密度のゆらぎは少なくなる。その後、宇宙の大きさが極めて短時間に拡大するというのがインフレーション理論の概要である。時間とともに宇宙の大きさがどのように変化するかを図 6.9 に示す。時間は図の下から上に向かって経過していく。宇宙誕生直後における宇宙の膨張速度はそれほど大きく

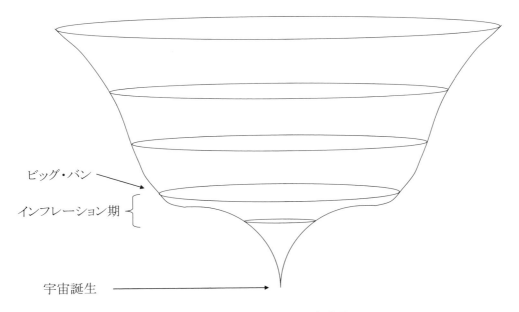

図 6.9　インフレーションの概念図

はなかったが、誕生後およそ 10^{-36} 秒から 10^{-34} 秒の間に図 6.9 のインフレーション期のように一気に膨張した。膨張は宇宙誕生後 10^{-32} 秒後には終了したと考えられている。インフレーションの期間に、宇宙の大きさは一気に 10^{100} 倍に大きくなった。図では数倍にしかなっていないようにしか見えないが、

[7] A.Guth, Physical Review D23(1981)347.
[8] K.Sato, Monthly Notices of the Royal Astronomical Society 195 (1981) 467.

実際に 10^{100} 倍を描くことはできないので容赦願いたい。

　インフレーション宇宙論によって、問題視されていた宇宙の謎がほとんど解消された。重要なものは宇宙の地平線問題と平坦性問題である。地平線問題は前節で紹介したように宇宙の物質密度が極めて均一になっていることである。インフレーションが起こらない膨張宇宙モデルでは、宇宙の中で互いに因果関係を持たない領域が多数発生する。光などによる熱のやりとりや物質を直接やりとりするためには時間がかかりすぎ、宇宙膨張が速すぎて間に合わないのである。単純なモデルでは宇宙の中で互いに因果関係を持たない領域は 10^{86} 個存在し、それらの領域において温度、密度が近い値を持つ確率は低い。しかしながら、実際に観測される宇宙の密度、温度は宇宙全体で非常に高い精度で一致している。

　つまり、事象の地平線を超えた領域間で情報のやりとりがあって互いの温度や密度を一致させたと考えざるをえない、これが地平線問題である。インフレーション宇宙論では、宇宙誕生後から 10^{-36} 秒の間にエネルギー（温度）のやりとりが行われればそれでよいことになる。この時間は我々人類の生活環境から見れば一瞬よりも短い時間であるが、宇宙の初期では宇宙全体の大きさが小さい上、光の速さは十分に速いのでインフレーションが始まるまでにエネルギーのやりとりはすんでしまうのである。

　もう 1 つ解決される重要な問題は平坦性問題である。6.1.2 で解説したように、宇宙空間は極めて高い精度で平坦であることが明らかになっている。宇宙空間は平坦ということは、宇宙の密度 ρ が臨界密度 $\rho_c = 3H_0^2/2\pi G = 1.878 \times 10^{-29} h_0^2$ gcm^{-3} に極めて近い値になっていることを意味する。実際の観測値を説明するためには、観測された宇宙の密度と臨界密度の比が

$$\left| \frac{\rho - \rho_c}{\rho} \right| \simeq 10^{-55} \tag{6.24}$$

でなければならない。このような厳しい条件を初期値として設定することは無理がある。この問題を**平坦性問題**と呼ぶ。

　これらの問題を同時に解決する宇宙モデルがインフレーションモデルである。インフレーションモデルでは、真空の相転移によるエネルギーの解放によって宇宙空間が急激に膨張したと考えている。真空の相転移とは一見何のことやらわからないであろう。日常に見ることのできる相転移を例に挙げてみるとわかりやすい。例えば水を冷やしていくと 0 °C で氷になる。これは水が液体の相から固体の相に転移する相転移である。純粋な水であれば 0 °C で相転移が始まり、水全体が氷に変化するまで温度は変化しない。これは、液相の水に含まれている熱（潜熱という）が放出されているために温度が低下しないためである。

　これと同じような相転移が真空に起こるわけであるが、その相転移するものが何であるかはいろいろな説がある。有力でわかりやすい説は、相互作用の相転移によって真空のエネルギーが急激に解放されたとする説である。これはグース、佐藤ともに唱えている説である。自然界には現在 4 種類の相互作用が存在する。力の強い順に強い相互作用、電磁相互作用、弱い相互作用そして重力相互作用である。このうち、電磁相互作用と弱い相互作用はおよそ 80 GeV という高エネルギー状態で区別がつかなくなる、すなわち統一されることがわかっている。さらに高いエネルギーでは強い相互作用が、そのさらに高いエネルギーでは重力相互作用も統一されるであろうと考えられている。このような高いエネルギーは宇宙の始まりの瞬間でしかあり得ないのである。したがって宇宙誕生の瞬間はあらゆる相互作用が区別できない強さで働いていた。

　4 種の相互作用が同等に働いていた時代は極めて短時間で終了した。宇宙誕生後 10^{-44} 秒後（プランク時間）には重力が他の相互作用と異なる相互作用として分離する真空の相転移が起こる。真空のエネルギー状態は 4 つの相互作用がすべて統一されている状態よりも重力と大統一力（強い相互作用、弱い相

互作用と電磁相互作用が統一された相互作用のこと）が分かれている状態の方が低エネルギー状態であるため、余分のエネルギーが真空中に充満する。このエネルギーによって宇宙空間が急激に膨張し、宇宙誕生後 10^{-33} 秒後にはそれまでの大きさの 10^{34} 倍に膨れ上がる。このような急激な膨張をインフレーションと呼ぶ。

インフレーションによって平坦性問題と地平線問題の両方が同時に解決できる。まず、平坦性問題の解決について説明しよう。インフレーションによって大幅に引きのばされた空間では、はじめに多数あった大きな歪みが消失し、平坦な領域が大きくなる。このようにして初期宇宙の物質密度は大きなゆらぎを持たない平坦な構造になると考えられる。これは COBE および WMAP による宇宙マイクロ波背景輻射観測によって確認されている。宇宙マイクロ波背景輻射の観測では、2.7 K の背景輻射にわずかなゆらぎが存在する。そのゆらぎの大きさは数 μK 程度で、ゆらぎの大きさが 100 万分の 1 という極めて小さな値になっている。宇宙マイクロ波背景輻射の温度ゆらぎは宇宙誕生後およそ 36 万年後の宇宙のエネルギー密度分布を反映しているので、そのゆらぎが小さいということは宇宙初期にゆらぎが小さくなるような現象が起こらなければならない。インフレーションモデルによって予想されるゆらぎの大きさは宇宙マイクロ波背景輻射によって観測されるゆらぎの大きさをよく説明することができる。

次にもう 1 つの問題であった地平線問題の解決について説明する。インフレーション前には宇宙膨張が穏やかであった時期があり、その間にエネルギーのやりとりが行われてエネルギー密度が均一になる。エネルギーのやりとりは光の速さよりも速くできないので、エネルギー密度が均一な領域は限りがある。その大きさは現在観測できる範囲でおよそ 1° 程度の領域になる。この大きさは満月 2 個分であり、WMAP の観測によって同程度の広さの領域が均一な密度になっていることが観測された。これによって、インフレーションモデルの予想がもう 1 つ確認されたことになる。このように互いに独立な 2 つの問題を解決することができるインフレーションモデルは、現在非常に有力な宇宙進化のモデルとして注目されている。

6.2.3　物質と反物質の不均一の発生

宇宙誕生の直後はエネルギーのみが存在していたと考えている。エネルギーは光子というエネルギー量子であり、光子からは物質と反物質が一対ずつ生成される。このことから、宇宙には物質と反物質が同じ量存在することが妥当である。しかしながら、我々の宇宙には我々が観測する量と同じだけ多くの反物質が存在するという証拠は見つかっていない。SF 小説の世界では、宇宙のどこかに反物質でできた星があり、そこに地球人の宇宙旅行者がたどり着き、その星に住んでいる自分とよく似た宇宙人と出会う。そして互いに握手した瞬間、激しい爆発が起こるといったお話がある。筆者は小さい頃何かの雑誌でそのような話を読み、自分の反物質である反自分がやってきたらどうしようと怖がっていた覚えがある。実際には物質と反物質の反応は素粒子レベルで起こるため、自分自身と反自分が出会う前に反自分が物質でできた天体に着地した瞬間に大爆発が起こるであろう。

このような SF の想像力に反して、我々の宇宙をあちこち見渡してみても反物質のかたまりが存在する証拠はまったく見つかっていない。宇宙の中で反物質は極めてマイナーな存在で、素粒子反応や原子核の崩壊で生まれはするが、すぐに近くにある物質と衝突して消えていく境遇に追いやられている。準星状天体 (QSO) が発見された当初は、QSO は宇宙の彼方に存在する反物質世界と物質世界との境目で激しい爆発が起こっているのだと主張する意見も見られた。

しかし、現在では QSO は超巨大ブラックホールに物質が落ち込んで高エネルギーガンマ線を放出して

いる姿であることが明らかになっている。現在の宇宙に物質しか観測されない理由は長い間宇宙物理学および素粒子物理学の大問題であった。これを解決するには、素粒子のモデルにわずかに変更を加えなくてはならなかった。本節では、宇宙の中で物質がメジャーな存在にさせる理論的考察と観測による裏付けについて紹介する。

　宇宙が現在観測されるように物質が主成分となり、反物質がほとんど無くなるためには、宇宙初期において物質と反物質の数に極めてわずかな不均一が生じなければならない。さもなければ宇宙初期に誕生した物質と反物質は互いに対消滅して現在の宇宙には光子ばかりが存在していることになる。事実、現在の宇宙には物質よりも光子の方が多いのであるが、その比は n_{Baryon} をバリオンの数、n_{Photon} を光子の数として、

$$\frac{n_{\text{Baryon}}}{n_{\text{Photon}}} \equiv \eta \simeq 10^{-10} \tag{6.25}$$

である。

　この事実を例えてみると、宇宙初期に 1 000 000 003 個のクォークと 1 000 000 000 個の反クォークがあったとすればよい。宇宙膨張によって宇宙の温度が下がると、光子（エネルギー）からクォークと反クォーク対を生成することができなくなる。そうすると、クォークと反クォークが対消滅して 2 個の光子を作る対消滅のみが起こる。最後に残るのはたった 3 個のクォークのみである。3 個のクォークは集まって 1 個のバリオンを作るので η は、

$$\eta = \frac{1}{2\ 000\ 000\ 000} = 5 \times 10^{-10} \tag{6.26}$$

となる。

　さて、このように現在の観測を説明できるような物質と反物質の量の違いを作り出すことは、既存の理論では極めて困難である。素粒子の標準理論では高エネルギー光子から生成される物質と反物質の量は同じであり、10^{-10} というわずかな量でも違いを生じさせることは標準理論では困難である。そのようなことから標準理論を超える新しい理論が多数提案されている。宇宙に物質が反物質よりも多く存在するための条件は、サハロフによって 1967 年に議論されている。現代ではサハロフの 3 条件と呼ばれている。3 つの条件を列挙すると、

1. バリオン数の保存則が破れていること。この条件がなければ高エネルギー光子からは必ず同数のバリオンと反バリオンが生じ、宇宙のバリオン数は初期値 0 のまま維持されてしまう。
2. CP および C の対称性が破れていること。これは物質と反物質の反応が異なることを表している。つまりバリオン数が増加する反応とバリオン数が減少する反応が異なる速度で起こるため、宇宙のバリオン数が 0 でなくなり、物質と反物質の非対称が生じる。
3. 平衡状態からのずれ。素粒子反応が平衡状態になっていると、宇宙のバリオン数を 0 でない値にする反応とその逆反応が同じ強さで進み、バリオン数の変化は生じない。平衡状態から離れて、バリオン数が 0 でない値で反応が止まってしまえばバリオン数は 0 でない値、すなわち物質優勢の宇宙ができあがる。

である。宇宙の物質創生を記述する理論はこれらの条件を備えていなければならない。

　この問題を解明するための実験は 20 年以上にわたって行われてきた。最近になって、世界の多数のグループで、物質と反物質の非対称性による現象が発見された。CP の非保存は、1964 年に行われた K 中間子の崩壊実験によって発見された。中性の K 中間子は寿命が短い K_S と長い K_L とがある。発見当初

はそれぞれ崩壊の仕方がまったく異なる粒子なので別の粒子であると考えられていたがその後同じ中性 K 中間子であることがわかった。このうち寿命の長い方の K_L は、

$$K_L \rightarrow \pi^+ + \pi^- \quad (1.976 \times 10^{-3})\% \tag{6.27}$$

$$K_L \rightarrow \pi^0 + \pi^0 \quad (5.64 \times 10^{-4})\% \tag{6.28}$$

という崩壊をする。いずれも $10^{-3}\%$ 以下の極めてわずかな比率であるが、非常に重要な物理的対称性を破っている。崩壊前の素粒子では CP が負であるのに対し、崩壊後の CP は正になっている。これはサハロフの 3 条件の 1 つであり、物質と反物質の非対称性を説明することができる実験事実である。最近になって b クォークからなる B^0 粒子の崩壊が CP の破れを感度よく観測するのに適していることがわかり、世界の高エネルギー加速器でその実験が進められてきた。日本では高エネルギー加速器研究機構が中心となっている Belle グループが大規模な実験に成功し、CP 対称性の破れを観測することに成功した。これによって素粒子の標準理論で CP の非保存が起こることを示し、弱い相互作用以外の他の相互作用でも CP 非保存の反応が起こりうることを示した。現在は標準理論を超える新しい理論による現象を求めてさらに大規模な実験を計画している。

6.2.4 初期宇宙元素合成

初期宇宙元素合成でどのような反応が起こって何が作られていくのかはすでに 6.1.3 で紹介した。ここでは、時間の経過とともに元素がどのように生成されていったかを詳しく見ていきたい。この当時、宇宙はまだ輻射が優勢であったので、時間 t と温度 T の関係は

$$t = \left(\frac{1 \text{ MeV}}{k_B T}\right)^2 \text{ sec} \tag{6.29}$$

となり、時間の経過とともに急速に温度が下がっていく。上式から、宇宙誕生後 1 秒では温度が 1MeV 程度になっており、宇宙に主として存在していたバリオンは陽子と中性子であった。陽子と中性子の質量エネルギー差は

$$Q = (m_n - m_p)c^2 = 1.293 \text{ MeV} \tag{6.30}$$

であるため、当時の温度では式 (6.9) の反応が両方向に対して同じ頻度で進み、陽子の数 n_p と中性子の数 n_n の比は平衡状態となっていた。その数の比は次の式によって温度と関係付けられる。

$$\frac{n_n}{n_p} = \exp\left(-\frac{Q}{k_B T}\right) \tag{6.31}$$

温度が十分高い時 $(k_B T > Q)$ は陽子と中性子は同数存在するが、温度の低下とともに急速に中性子の数が減少していく。ただし、中性子の数はいつまでもこの式に従って減少していくわけではない。なぜならば、中性子と陽子の反応

$$p + e^- \leftrightarrow n + \nu_e \tag{6.32}$$

は弱い相互作用で反応が進むため、温度が下がるとその反応率が急激に低下する。したがって陽子と中性子の数の比はある値まで変化した後一定になる。この現象は、温度の低下とともに比率が "凍結" されることから "freeze out" と呼ばれている。凍結が起こる温度は $kT_B \simeq 0.8$ MeV $\simeq$ 93 億 K である。凍結により陽子と中性子の比は

$$\frac{n_n}{n_p} = \exp\left(-\frac{1.29 \text{ MeV}}{0.8 \text{ MeV}}\right) \simeq 0.2 \tag{6.33}$$

となる。

中性子と陽子の比が凍結され、宇宙の温度が下がると次には重陽子の合成が始まる。重陽子の合成は次の二つの可能性がある。

$$p+n \rightarrow D + \gamma \tag{6.34}$$

$$p+p \rightarrow D+e^+ + \nu_e \tag{6.35}$$

当時の宇宙でも陽子が多数存在していることから後者の反応が起こりそうであるが、これは弱い相互作用で進む反応であるため起こりにくい。そこで前者の反応が主として進んで重陽子 D が作られる[*9]。重陽子の比率は陽子と中性子の比率を議論したときと同様に考えることができる。その比率を表す式は、

$$\frac{n_D}{n_p n_n} = \frac{g_D}{g_p g_n} \left(\frac{m_D}{m_p m_n} \right)^{3/2} \left(\frac{2\pi \hbar^2}{k_B T} \right)^{3/2} \exp \left(\frac{Q}{k_B T} \right) \tag{6.36}$$

と表される。g はそれぞれの粒子の統計的重みで、スピン固有値の数で決まる。したがって $g_p = g_n = 2$、$g_D = 3$ となる。温度の依存性は $T^{-\frac{3}{2}} \exp(Q/kT_B)$ であるため、温度の低下とともに重陽子の比率が増大する。重陽子の比率が増大すると、それよりも重い原子核が次々と生成されていく。また、中性子の平均寿命が 886.7 秒なので数百秒以降は中性子の数が急激に減少し、重陽子は生成されなくなってしまう。したがって重陽子の比率は水素との比較で

$$\frac{D}{H} \simeq 1.6 \times 10^{-5} \tag{6.37}$$

程度になって落ち着く。

6.3 宇宙の晴れ上がり

初期宇宙元素合成の時代が過ぎて、宇宙に存在する元素の量がほとんど確定した後も宇宙はまだ十分に高温であった。宇宙の温度が高い間、原子核と電子は結合することができず電離したプラズマ状態になっていた。光は宇宙空間を自由に飛び交う電子に激しく散乱されるため、直進することができない。そのため、遠方の物体から出た光が観測者（といってもその時代には誰もいないが）に直接届くことができず、宇宙は非常に濃い霧がかかったような状態になっていた。

宇宙の温度は宇宙膨張とともに急激に低下する。そしてその温度が原子を電離できない程度に下がると、原子核と電子が結合し始める。この現象を電子の再結合 (recombination) という。宇宙が誕生してはじめて原子核と電子が結合するので「再」結合という名称はおかしいのであるが、電離に対して電子が原子と結合することを再結合と伝統的に呼んでいるので、宇宙の歴史上初めての結合でも「再結合」と呼んでいる。

再結合が起こるときの温度は、水素原子の結合エネルギーである 13.6 eV よりもかなり低い 0.26 eV 程度である。これは水素原子の密度が非常に低いうえに光子の数が多いため、再結合した原子が光子によって電離されてしまうためである。再結合したときのエネルギーを温度に換算すると、

[*9] 前の章で重陽子のことを ^{2}H と書いていたので混乱される読者がいるかもしれない。重陽子や陽子は複数の名前を持っており、前後の文脈によって（時には著者の好みによって）使い分けられる。本書の読者はこれで両方の表記法を知ったことになり、お得である。

$$T = \frac{E}{k_{\mathrm{B}}} \tag{6.38}$$

$$= \frac{0.26 \ \mathrm{eV}}{8.617 \times 10^{-5} \ \mathrm{eV \ K^{-1}}}$$

$$\simeq 3\,000 \ \mathrm{K}$$

となる。

　電子が原子核に吸収されると自由電子による光子の散乱が減り、光子は直進しやすくなる。霧が晴れ上がってそれまで見えなかった遠方の景色が見えるようになるような現象なので、この現象を宇宙の晴れ上がりと呼んでいる。宇宙の晴れ上がり以降は光子が長い距離を直進できるので、我々が観測することのできる最も遠くかつ最も古い宇宙は[*10]宇宙の晴れ上がり直前の熱い火の玉の輝きである。ガモフは火の玉宇宙論で昔の宇宙が熱かったと考え、現在の宇宙の温度を計算した。この計算は現在観測されている値とほとんど変わらず、火の玉宇宙論、現在はビッグバン宇宙論とよく呼ばれている宇宙モデルが有力視されている。宇宙の晴れ上がり直前の熱い火の玉の輝きは、その後の宇宙膨張によって現在の宇宙マイクロ波背景輻射 (CMB) として観測されている。これは昔の高エネルギー光子が宇宙膨張によって赤方偏移を受けたと考えれば宇宙の晴れ上がり当時の赤方偏移量を求めることができる。そしてその値と宇宙膨張のモデルから宇宙の晴れ上がりの時期を計算することができる。現在観測されている宇宙マイクロ波背景輻射の温度は 2.7 K であるから、赤方偏移量 z を求めることができ、

$$\frac{1}{1+z} = \frac{T_0}{T_{\mathrm{rec}}} = \frac{1}{1\,100} \tag{6.39}$$

である。ここで添字に 0 をつけている変数は現在の値を、rec をつけている変数は再結合当時の値を表す。

問題

式 (6.39) において、$\frac{1}{1+z} = \frac{T_0}{T_{\mathrm{rec}}}$ を証明せよ。

6.4　クェーサーの時代と宇宙の再電離

　クェーサーは極めて高速で我々から遠ざかっている天体で、赤方偏移の値が大きい。もともとクェーサーは強力な電波源として見つかった天体である。1950 年代にケンブリッジ大学のグループは多数の電波源の位置と電波強度を探査してカタログを作成している。現在は 1C から 8C までのカタログがある。C は Canbridge の頭文字である。ただし、電波望遠鏡で探索した多数の電波源は多くがその位置が不正確であった。これは電波望遠鏡の性能の問題で、3C カタログの時代では角度分解能は数分角であった。月や太陽の見かけの大きさが 30 分角、一般的な 10 cm 程度の口径の光学望遠鏡の角度分解能はおよそ 1 秒角なので、電波望遠鏡では電波源の正確な位置を知ることは困難であった。

　幸運なことに、3C273 と呼ばれる強力な電波源が月に隠されるという現象が 1962 年 8 月 5 日と同年の 10 月 26 日に起こった。この 2 回の観測から 3C273 の正確な位置は赤経 12 時 26 分 33.29、赤緯 +2 度 19 分 42.0 であることがわかった。こうなればあとは光学望遠鏡の出番である。

[*10] 光が伝わる速さは有限なので遠い天体ほど宇宙の昔の姿を観測していることになる。

　　アメリカのパロマー天文台にいたシュミットは口径 5 m の反射望遠鏡で撮影した。その写真甲板には図 6.10 のように恒星状の天体が写っていた。シュミットは即座にこの天体のスペクトルを測定した。ス

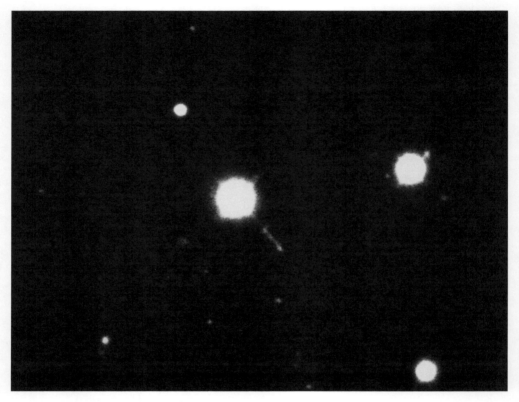

図 6.10　準星状天体 3C273 を光学望遠鏡で撮影した画像
中央の丸い天体がそれである。右下方向にジェットが噴出している様子が写っている。
NOAO/AURA/NSF 提供の写真。

ペクトルに観測される光の波長分布を見ればどのような天体であるかがわかるはずである。ところが観測されたスペクトルは実験室（地上）で観測される波長に比べて非常に長くなっていた。つまり、3C273 は地球から高速で遠ざかっていることがわかった。3C273 から放出される光の波長 λ' と、実験室（地球）で観測される光の波長 λ の差から赤方偏移量

$$z = \frac{\lambda' - \lambda}{\lambda} \tag{6.40}$$

を求めると、$z = 0.158$ というこれまでのどの銀河よりも大きな値だったのである。これを後退速度に換算すると秒速 47 400 km というとてつもない速度で後退していることになる。その直後に今度は $z = 0.367$ という電波源 3C48 が同定され、非常に遠方に存在する強力な電波源の存在が明らかになった。これは当時 (1960 年代) の人類が知っていた宇宙の大きさを一気に 10 倍以上にスケールアップする事実であった。

　　ハッブルの法則に従えば、赤方偏移の大きい天体は遠方にあるはずだが、この天体の光度は通常の銀河よりも明るい。十数等という見かけの明るさは、同じ距離に存在する銀河の 100 倍以上も明るい。また、

大型の望遠鏡で撮影しても単なる恒星状の点にしか写らないため、これらの天体は quasi-steller radio sources と呼ばれた。実際はこれでは長すぎるので quasar（クェーサー）と呼ばれている。日本では「準星状天体」とか「準星」と呼ばれていたが、最近ではみんな英語風にクェーサーと呼んでいる。

最近では z = 6.4 を超える超遠方のクェーサーが発見された。これは距離にして 100 億光年を超える途方もない距離である。にもかかわらず通常の恒星のように見かけ上明るく輝いている原因について発見当初からさまざまな説が唱えられていた。

- ホワイトホール説：ホワイトホールとはブラックホールの逆で何かを出し続ける天体という意味である。ブラックホールを記述する方程式（一般相対論）の解には 2 次方程式のように正負の 2 つの解がある。1 つは時空を天体の中心部に向かって落ちていく解で、これがブラックホールである。もう 1 つは時空を天体の外側に向かって出ていく解である。天体の中心へ落ちていく経路から出ていく経路に移ることはできない。天体の中心部から何が出ていくのかは不明である。ホワイトホールの中心部には時空の特異点があり、そこでは物理学のあらゆる計算が不可能なため、物理学的に意味のある予言はできない。
- 反宇宙との接点説：我々の宇宙をつくる物がほとんどすべて物質であり、反物質がほとんどないことと、ビッグバンの際には物質と反物質が同じ数だけ作られるはずであるという予想から考えられた。宇宙初期に物質のみで構成される我々の宇宙と、反物質のみで構成される反宇宙が分離したかもしれない。宇宙と反宇宙の接点では激しく対消滅が起こっているため、高いエネルギーの放射が観測されるかもしれない。
- 巨大ブラックホール説：昔の銀河中心に巨大なブラックホールがあり、そこに天体が次々に吸い込まれる際に強力なエックス線が放出される。そのエックス線が周囲のガスを加熱して強い放射として観測されているかもしれない。

クェーサーの存在距離分布を詳細に調べた研究結果から、最も遠いクェーサーの距離はおよそ 128 億光年（これは今後更新される可能性あり）、最も近いものはおよそ 10 億光年離れている。最も多数のクェーサーが存在する距離はおよそ 100 億光年であることが示された (X. Fan et al., Astrophysical Journal **125** (2003) 1649)。我々からの距離は、活動銀河、クェーサーの順に離れていく。光が我々まで届くのに時間がかかるため、遠い天体ほど昔の宇宙を見ていることになる。したがって、活動銀河とクェーサーはそれぞれしだいに時間をさかのぼって宇宙の様子を観測することに他ならない。この結果から、宇宙が誕生してからおよそ 10 億年後に最初のクェーサーが誕生し、徐々に増加していき、宇宙誕生後およそ 40 億年頃にその数がピークに達した。その後徐々に減少し、宇宙誕生後 127 億年にはほとんど絶滅してしまったというシナリオが描かれる。そして現在の宇宙すなわち我々の近傍にはクェーサーは存在しないのである。

クェーサーは銀河系の中心部に発生した超巨大ブラックホールによる現象であることが明らかになってきた。クェーサーができていた頃の銀河は中心核で巨大なブラックホールが形成されて強力な X 線が放出されていたと考えられる。そのため、遠方の天体であるにもかかわらず、極めて明るい天体として観測されていたのである。銀河の中心核への物質流入が穏やかになってきたが、まだ強力な X 線を放出し続けている、いわば衰えたクェーサーが活動銀河核である。我々の天の川銀河の中心にも太陽の 300 万倍の重さの超巨大ブラックホールがあることが最近確認された。物質の大規模な流入はすでに衰えてしまったがそれでも多量の物質が吸収されている。周辺部分は隣の恒星との距離が銀河系平均のおよそ 200 分の 1 まで近接している高密度の領域になっている。そこでは多量の新しい恒星が生まれつつある

ことがX線衛星チャンドラの観測によって明らかになった。

　このような活動銀河核やクェーサーと関連すると考えられる現象としてガンマ線バースト (GRB) が注目され始めている。ガンマ線バーストは、それまで目立たなかった天体から突然強力な高エネルギーガンマ線がやってくる現象である。ガンマ線の継続時間は数時間から数日間と非常に短いため、ガンマ線バーストと呼ばれている。発見当時はX線人工衛星による第一発見とその後の光学望遠鏡の連携が不十分で、なかなか良質なデータが得られなかった。近年はより位置分解能の高いX線観測による確認を経て大型光学望遠鏡で観測できる体制が整ってきた。

　2005年になって宇宙誕生後9億年という最も遠いGRBが京都大学（現東京大学）の戸谷友則氏を中心とするグループによって観測された (Publication of The Astronomical Society of Japan **58** (2006) 485)。この発見によって宇宙初期にいったん中性原子にまとまった物質が再び電離されたという宇宙再電離の謎の解明に近づいた。彼らは $z = 6.3$ という、最遠方のガンマ線バーストを観測した。ガンマ線バーストによって放出される光のスペクトルは単純な形をしているため、その天体と我々の間に存在する星間物質による吸収に対して詳細で不定性の少ない解析をすることができる。

　この観測では中性水素原子による光の吸収スペクトルを利用して、吸収された時代を特定している。この方法は Gun-Peterson テストと呼ばれている。このテストは、遠い銀河で放出された光が、観測者との間にあるガスによって吸収されることを利用している。ガスによって吸収を受けると、観測されるスペクトルの中に吸収線と呼ばれる暗線が生じる。その暗線は吸収する原子や分子によって決まっている。中性水素原子の場合はライマン α 線（Ly-α）と呼ばれる波長 $\lambda_\alpha = 121.567$ nm による吸収線が見られる。光源から発せられた $\lambda\alpha$ より短い波長の光は、光源付近の中性水素には吸収されないが、光源の天体から大きく離れると Hubble の法則によって波長が伸ばされる。伸びた光の波長がちょうど λ_α になり、その付近に中性水素がたくさんあればその光は吸収される。吸収された場所の赤方偏移量が z_R であるとすると、地球では $(1 + z_R)\lambda_\alpha$ の波長をもつ光が吸収されたかのように観測される。$z \le 3$ のクェーサーでは高い度合いで宇宙が電離されていることを示しており、中性水素の割合はわずか10万分の1以下である。

　GRB の初期観測は人工衛星による γ 線放射の観測によって行われる。アメリカの人工衛星 Swift が打ち上げられて多数の GRB が発見されるようになった。同時に地上の観測態勢も整えられ、発見後速やかに光学観測を実施することができるようになった。2005年9月4日に現れた GRB050904 は Swift によって発見され、直ちに光学観測が行われた。ハワイのすばる望遠鏡では分光観測が行われ、観測時間の半分が経過した時点で GRB 発生後 3.4 日が経過していたが、十分に早い時期であった。図 6.11 の上側の2枚の写真は、フィルターを装着した測光観測 (分光観測ではない) によって得られた GRB050904 の画像である。写真右側の長波長側で写っている天体 (円の中) は、左側の長波長側では写っていない。

　このことから波長 900 nm 付近で強度の大きな変化があることが明らかになり、ただちに分光観測が行われたのである。分光観測の結果は興奮すべきものであった。図 6.11 下図の、9 000〜9 500 Å に見られる減衰は、Ly-α の吸収によるブレークである[11]。これはこの当時の宇宙が中性水素で満ちていたことを表す証拠であるかと思われた。しかし、Ly-β の吸収線が見られることと、銀河間のガスによる吸収を考慮した理論的解析で、この吸収は GRB が存在した母銀河による吸収が支配的であることが明らかになった。この当時の宇宙の電離度は銀河間水素ガスによる吸収と母銀河に含まれる水素による吸収を同時に考慮して解析した結果、銀河間ガスの電離度が低い方が図の形をよく再現することができることが

---

[11] 1 nm=10 Å である。Å はオングストロームと呼び、天文学でよく使われる長さの単位である。

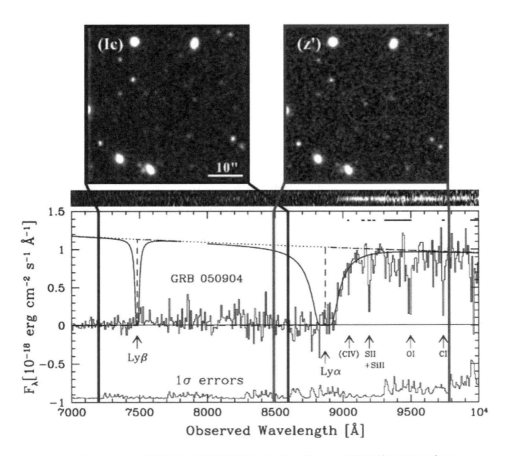

図 6.11 **GRB050904** の可視残光の測光観測結果 (上の **2** 枚) と分光観測結果 (下のグラフ)
測光観測では右側が長波長 (8 500〜9 800 Å)、左側は短波長 (7 300〜8 600 Å) で撮影した写真である
(東京大学大学院理学系研究科の戸谷友則氏提供)。

わかった。このことから、$z = 6.3$ の時代で宇宙の電離度は 83% 以下 (68% 信頼度) であるという下限値を得、当時の宇宙がほぼ電離していたことが判明した。

　誕生後わずか 9 億年で宇宙の水素がほぼ完全に電離していたという事実は衝撃的であった。CMB の観測によって物質がすべて電気的に中性になったことが明らかであるのに、その後わずか 9 億年で再び完全に電離された。物質を電離するためには高いエネルギーの電磁波を放出する天体が多数存在する時期がなければならない。現在の宇宙はほぼ完全に電離されている状態にあるので、いったん中性になった宇宙がいつ再び電離されたかという疑問が残っている。CMB が作られたころ（宇宙誕生約 40 万年）からおよそ 9 億年までの間に観測可能な天体は GRB のような特異な天体しかないので、さまざまな状況証拠から電離の原因を探っている。

　現在注目されている天体が、太陽の 100 倍程度の質量を持つ巨大な恒星である。太陽の 140 倍から 260 倍の質量をもつ大質量星は進化の最後で極超新星爆発をした後すべての物質を吹き飛ばしてしまう。これよりも軽い恒星はブラックホールになり、これよりも重い恒星は巨大ブラックホールになる。宇宙

初期の物質密度がまだ高かった時代に多数の巨大な恒星が誕生すると、それらの恒星から放出される強力な紫外線やエックス線によって宇宙空間が電離されたのではないかと考えられている。巨大な恒星はHR 図の左上に位置するため表面温度が高い。現在観測されている主系列星よりももっと重い恒星ならば表面温度は数万 K を超えてエックス線を放出することができる。巨大な恒星が進化した最後の局面は極超新星という超新星のさらに数十倍のエネルギーを放出する大規模な爆発である。GRB が発見された後その原因が探られてきたが、最近では GRB は極超新星の爆発によるものであると考えられている。

6.5　銀河形成

　銀河系は宇宙誕生後およそ 10 億年後には作られていたことが深宇宙の観測で明らかになってきた。宇宙の歴史上ごく初期に銀河系ができるためには、いくつかの条件をクリアしていなければならない。それを明らかにするために、はじめに宇宙に構造が作られていく過程が宇宙を支配する物質の種類によってどのように変わっていくかを説明する。

　宇宙を支配する物質はバリオンではあり得ない。これは初期宇宙元素合成による宇宙の物質存在比が観測値と一致するためにはバリオンの存在比が 4% 程度でなければならないという強い制限があることに起因する。その他の物質は宇宙暗黒物質であり、この宇宙暗黒物質の性質によって銀河形成の歴史が決まる。宇宙暗黒物質の候補には、高速で運動する hot dark matter (HDM) と低速で運動する cold dark matter (CDM) がある。それぞれの宇宙暗黒物質は銀河系の種になる物質密度のゆらぎに対して正反対の作用を及ぼす。

　銀河の種になる密度ゆらぎは宇宙マイクロ波背景輻射の温度ゆらぎが起源である。温度が低いところは密度が高く、その重力によって光が赤方偏移を受けて波長が長くなっているのである。密度の大きい部分には周囲の物質を集めてさらに高い密度に成長していった。例えていうと、富める人の周りにはなぜかどんどんお金が集まり、お金持ちになっていくのに対し、貧乏な人からはどんどんお金が吸い上げられていく。まさに宇宙の進化は格差社会なのである。

　密度の高い部分がより高密度になって銀河になっていくためには、現在我々が知っている物質、すなわち原子を作るバリオンだけでは不十分である。バリオンの量は、宇宙の臨界密度 ρ_c に対してわずか 25 分の 1 程度しかないため、十分な重力を働かせて周囲の物質を集めることができない。これまでの高速コンピューターのシミュレーションによって、バリオンだけの宇宙では現在までには観測されているような銀河を十分に作ることができないことが示されている。

　バリオン以外の物質で現在のような構造を作るためには、ある程度質量を持った非相対論的な運動 (具体的には光速の 1000 分の 1 程度) をする素粒子が必要である。付録 B で紹介しているように現在知られている素粒子にはそのようなものはないので、新しい素粒子を考案しなければならない。新しい素粒子の性質は、

1. **重い、または大量に存在すること**：新しい素粒子は銀河系のもとになる種を作り、その重力によって周囲の物質をさらに引き寄せなければならない。そのためには十分な量と質量を持っていなければならない。ニュートリノは当初このような粒子の候補とされてきた。それはニュートリノが極めて大量に存在するからである。しかしながら、ニュートリノの質量は多くの実験によって 1 eV/c^2 以下であることが確認されたため、銀河の種になるような新粒子にはなり得ない。

2. **物質と強い相互作用、および電磁相互作用をしない**：新粒子が通常の物質と強い相互作用をするな

らばすでに発見されているであろう。しかしながら現在までそのような兆候は見られない。電磁相互作用をすると何らかの波長を持つ電磁波を放出または吸収するため、電波観測や光学観測で発見されていなければならない。

3. **低速で運動する**：低速で運動していれば重力で束縛されやすい。例えば我々が住んでいる天の川銀河ではおよそ秒速 600 km 以上の速さの物体は重力を振り切って銀河系外に飛び出してしまう。

というような性質を満たさなければならない。このような性質をもった粒子は、低温の宇宙暗黒物質であり cold dark matter (CDM) と呼ばれている。CDM に関する詳しい解説は 7 章を参照のこと。CDM が多量に存在する宇宙では、高密度の領域が急速に成長して銀河、銀河団そして超銀河団を形成していく。このようにして形成された構造は銀河が集中している部分と、銀河がほとんど存在しない部分 (Void と呼ばれる) に分類される。図 6.12 では、全天の特定の幅に観測された銀河の赤方偏移量 (Redshift と表示されている z の値) と天球上の位置 (円周上に目盛られている 3h などの赤経座標) が座標軸に書かれている。下側の目盛りは z を光年に換算したものである。この図にプロットされている 1 つひとつの点

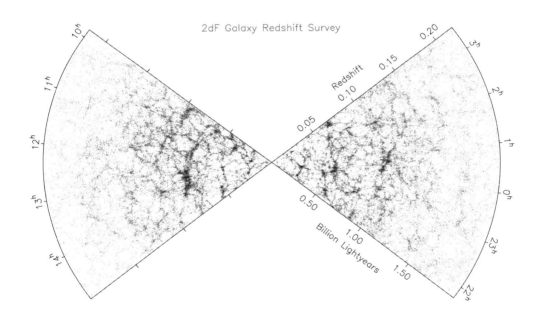

図 6.12　2dFGRS グループによって観測された銀河の空間分布。http://www.mso.anu.edu.au/2dFGRS/の画像より転載。

はそれぞれ銀河系 1 個ずつにあたる。多数の銀河が集中している銀河団の部分と、ほとんど銀河のない void がわかりやすく観測されている。このような宇宙構造の進化は、CDM と宇宙定数 Λ を定数としたモデルで数値計算を行った研究で確認されている。

　最近では口径 10 m の大口径望遠鏡や宇宙望遠鏡を用いて遠方の銀河を探す研究が活発に行われており、2006 年にすばる望遠鏡で $z = 6.964$、距離に換算して 128 億 8 千万光年にある銀河を発見した。それ以降、2013 年には $z = 7.5$、距離に換算して 131 億光年にある銀河が発見された。これは宇宙が誕生

してからおよそ 7 億年後である。宇宙の初期から銀河が形成されていたことから、宇宙定数が正の値をもち、宇宙暗黒物質は CDM が主成分である Λ-CDM モデルが有力視されている。

第 7 章

宇宙暗黒物質

7.1　宇宙を構成するもの

　宇宙の主成分は我々が日常に眼にする物質ではなく、未知のエネルギーである宇宙項と未知の素粒子である宇宙暗黒物質であることが明らかになっている。宇宙項については、アインシュタインがはじめに考えたときのように特別な理論的根拠は存在しない。最近になって宇宙項のことをダークエネルギーと呼ぶようになっているがこのエネルギーは我々が通常考えているエネルギーとは大いに違うことに注意すべきである。特殊相対性理論によってエネルギーと質量が等価であるため、エネルギーの存在は質量の存在を意味する。質量は重力を生じて宇宙を収縮させるように働くため、通常考えているエネルギーとダークエネルギーは区別して考えるべきである。ダークエネルギーは 1998 年頃から真剣に考えられるようになってきた。

　物質は宇宙の約 31% を占めていることが Planck や WMAP などの CMB データ解析により明らかになった。一方で、通常の物質である原子を作るバリオンはわずか 5% 程度しか存在しないことが初期宇宙元素合成の理論と観測結果から明らかになっている。宇宙の約 26% は現在我々が知らない物質である可能性が極めて高い。

　未知の物質の性質は、銀河団に含まれる多数の銀河の運動速度分布や、個々の銀河の回転速度の観測から、電磁波（可視光線、電波や X 線）を吸収も放出もしないであろうと予想されている。銀河団とは数個から数百個の銀河が互いに重力で引き合いながら集団を作っている銀河の集団である。我々の天の川銀河も大小マゼラン星雲、アンドロメダ座の M31 大星雲など 10 個程度の銀河からなる銀河団を作っている。銀河団に含まれる銀河は、銀河団の重力とつり合うようにかなり大きな速度で運動している。銀河団に含まれる物質量で決まる脱出速度よりも速度が大きい銀河は銀河団の重力を振り切って離れていってしまう。そのため、速度の分散を測定することで銀河団に含まれる物質の質量を知ることができる。こうして求められる質量を力学的質量という。

　ここで、銀河系の運動について速度の平均を取る方がわかりやすいように思うが、全体として静止している系の平均運動速度は 0 km/s になってしまう。これは、空気分子（酸素や窒素）を 1 つひとつ見ると常温で数百 m/sec という恐ろしい速さで運動しているが、分子の運動方向が一様で等方的（完全にランダムな方向）なので空気全体としては動いていない、つまり無風状態になっていることと同じである。全体として動いていない系で、個別の運動速度の平均を考える場合は、速度の 2 乗の平均、もしくは分散を取ると 0 ではない値が得られ、平均速度を知ることができる。分散とは統計学で使用する重要な概念なので、詳しくは統計学で勉強することをお勧めする。

　銀河系や銀河団の質量は別の方法でも推定することができる。銀河系からはさまざまな波長の電磁波が飛来しているので、その波長から銀河系に含まれる物質とエネルギー、その強度から物質の量を知ることができる。このようにして求められた質量を**光学的質量**という。多くの銀河団において、銀河の運動速度はそこに含まれる銀河の質量では説明できない大きな速度で運動していることが観測されている。このように天体の運動を観測して求められた質量を**力学的質量**という。高速で運動する銀河を銀河団にとどめておくためには大きな重力つまり物質が必要である。光学的質量 L と力学的質量 M の比 M/L は 10 以上になっており、光を放出しない物質が大部分を占めるという結果になっている。銀河の明るさや数では説明できない大きな重力源は、宇宙暗黒物質と呼ばれ、1950 年代から多くの銀河団や銀河で観測された。

7.2 銀河団の力学的質量

　個々の銀河は互いに重力相互作用によって束縛されながら動いており、銀河を分子に例えたガスと考えることができる。ガスの運動論は 19 世紀に完成されており、それをそのまま銀河の運動に適用することができる。銀河団の回転運動による慣性モーメントを I、個々の銀河の相対運動による運動エネルギーを K、銀河を束縛する重力ポテンシャルを U とすると、それらの間にはビリアル定理

$$\frac{d^2 I}{dt^2} = 2U + 4K \tag{7.1}$$

という簡単な関係式が成り立つ。ここで、

$$I = \sum_i m_i \left| \boldsymbol{x_i} \right|^2 \tag{7.2}$$

$$K = \sum_i \frac{1}{2} m_i \left| \boldsymbol{v_i} \right|^2 \tag{7.3}$$

$$U = -\alpha \frac{GM^2}{r_\mathrm{h}} \tag{7.4}$$

であり、$\boldsymbol{x}$、$\boldsymbol{v}$ および m は銀河の位置,、速度および質量である。また、r_h は銀河団の中心から銀河の質量を積算していったとき、半径 r_h の内側に全質量の半分が存在するような半径である。銀河団が安定な状態になっている場合は慣性モーメントの加速度は 0 なので、式 (7.1) は

$$K = -\frac{1}{2} U \tag{7.5}$$

となる。運動エネルギー K は個々の銀河の運動エネルギーの平均値と銀河団に含まれる銀河の質量 $M = \sum_i m_i$ から

$$K = \frac{1}{2} M \left\langle v^2 \right\rangle \tag{7.6}$$

ここで、$\left\langle v^2 \right\rangle$ は銀河の速度分散 (または 2 乗平均速度) で、

$$\left\langle v^2 \right\rangle = \frac{1}{M} \sum_i m_i \left| \boldsymbol{v_i} \right|^2 \tag{7.7}$$

である。したがって式 (7.5) から

$$\frac{1}{2} M \left\langle v^2 \right\rangle = \frac{\alpha}{2} \frac{GM^2}{r_\mathrm{h}} \tag{7.8}$$

となる。これを整理すると、

$$M = \frac{\langle v^2 \rangle r_{\mathrm{h}}}{\alpha G} \qquad (7.9)$$

となる。この式から、銀河団に含まれる銀河の速度分散と銀河団の大きさとを求めれば、銀河団に存在する光を出さない物質を含めた全質量を求めることができる。速度分散や銀河団の大きさの観測は極めて困難な仕事であるため、正確に力学的質量を知ることは困難であったが、最近の観測精度の向上により、いくつかの銀河団について力学的質量を調べることが可能になってきた。

7.3 銀河の力学的質量

銀河の力学的質量は銀河の回転速度を調べることによって求められる。円盤形の渦巻きを持つ銀河の場合、銀河は一方向に回転していることから回転速度を求めやすい。一方、楕円銀河の場合は特定の回転方向を見いだすことが難しく、前節で紹介した銀河団の場合と同じように銀河に含まれる天体の速度分散を調べることになり、かなり困難である。

簡単な方の円盤型銀河に含まれる天体の軌道半径を R、軌道上における速さを v、銀河の中心から半径 R の球に含まれる物質の質量を $M(R)$ とすれば、それぞれの関係は簡単に求めることができて、

$$\frac{v^2}{R} = \frac{GM(R)}{R^2} \qquad (7.10)$$

となる。渦巻き型銀河は我々に対していろいろな向きになっており、回転速度を測りやすいものと測りにくいものがある。図 7.1 の左図は一見回転速度が測りやすいように思えるが、銀河の回転には数億年で 1 周という極めて長い時間がかかるため、銀河の回転の様子を直接観測することは困難である。一方、図 7.1 右側の場合は簡単である。銀河の各部分から届く光を分光測定し、スペクトルを調べればよい。

図 7.1　左：渦巻き銀河を回転軸の方向から見た場合の写真 (NGC6946)。右：渦巻き銀河を回転軸の横から見た場合の写真 (NGC891)。

銀河から届く光は全体としてハッブルの法則による赤方偏移を受けているが、その銀河の各部から届く光はさらに銀河の回転による偏移を受ける。銀河のうち我々に向かって回転している部分はわずかに

青色に、我々から遠ざかる方向に回転している部分はわずかに赤色に偏移するのである。実際に観測された銀河回転の速度分布を図 7.2 に示す。この図を見ると、銀河の回転速度（図 7.2 の縦軸）が中心から大きく離れても遅くなっていないことがわかる。このことから、銀河系には光を出さない物質が光を出す物質の 10 倍程度存在することが予想されるようになった。

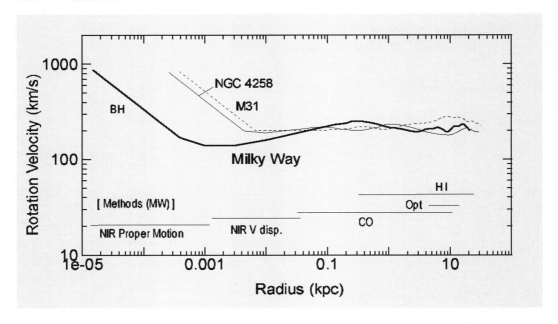

図 7.2　我々の銀河 (MilkyWay と表示)、M31、NGC4258 の回転速度の分布（回転曲線）
Y.Sofueand V.Rubin ARAA **39** (2001) 137-174 より転載。

7.4　宇宙暗黒物質の分類

　宇宙暗黒物質にはいろいろな候補者がいろいろな理論から提案されている。多くの候補は観測結果によって排除されてしまったが、現在は暗い星（MACHO) のようなバリオンでできている候補、重いニュートリノ、アキシオン、超対称性粒子などの未知素粒子、軽いブラックホールなどが候補として注目されている。

　MACHO は MAssive Compact Halo Object (ハローに存在する重くて小さな天体) の略称であるがいわゆる筋肉質の人々を表す英単語で呼ばれている[*1]。MACHO は例えば木星のように自身の質量が少なすぎて核融合反応に点火できず、輝くことのできなかった天体である。天体は質量の小さいものほど数が多くなる傾向があることから、「塵も積もれば山となる」ということで銀河に存在する未知の質量を担っているのではないかと考えられた。

　このような暗い天体を直接観測することは不可能であるが、MACHO が及ぼす重力の効果によって検出できることが Paczyński によって提案された。MACHO が遠方の恒星の手前を通過するとき、

[*1] 筋肉質の人と宇宙暗黒物質としての MACHO はもちろん何の関係もない。宇宙物理学者はこういった言葉遊びが好きな人が多い。

MACHO の重力によって遠方の恒星から来た光が曲げられ、本来地球に来ないはずの光も地球に来るようになる。その結果遠方の恒星の光度が数日間にわたって明るくなるのである。このような現象は天の川などの恒星がたくさんある方向の写真を撮り続け、突然明るくなって再び暗くなる現象を調べることで探索された。同じような現象は、新星でも見られる。新星の場合は光度変化が色によって異なるが、MACHO による効果は光の色には無関係なので、青と赤の 2 色で撮影して明るさの変化を観測することで MACHO の判定を行うことができる。

MACHO の探索は 1990 年代半ばに活発に行われた。観測を始めてまもなく立て続けに数個の MACHO が発見された。多数の発見報告によって宇宙暗黒物質の主成分ではないかと考えられ始めたが、その後発見数は伸び悩み、宇宙暗黒物質の主成分ではあり得ないという結論に至った。さらに WMAP などの観測によってバリオンが宇宙の主成分でないと結論づけられたため、MACHO が宇宙暗黒物質の主成分であるという考えは排除された。

常に宇宙暗黒物質の最有力候補の座にあるのは、バリオンではない未知の素粒子たちである。それぞれ提案された理論によってさまざまな性質が予想されている。超対称性粒子は、素粒子の標準理論を超える究極の理論として最も有力視されている超対称性理論によって存在が予想されている素粒子群である。アキシオンは、強い相互作用の性質を説明するために提案されたモデルによって考えられている素粒子である。ニュートリノにはもともと極めて軽いながらも質量がある。現在知られているニュートリノは電子ニュートリノ、ミューニュートリノ、タウニュートリノの 3 種類があるが、ここでいう重いニュートリノはそれ以外の第 4 世代のニュートリノというものである。

これらの未知素粒子による宇宙暗黒物質は、宇宙の輻射と相互作用しなくなった (decouple という) 温度によって熱い宇宙暗黒物質 (Hot dark matter: HDM) と冷たい宇宙暗黒物質 (cold dark matter: CDM) とに分類される。上に示した候補のうち、軽いニュートリノは HDM の候補であり、超対称性粒子、アキシオン、重いニュートリノは CDM の候補たちである。CDM と HDM は宇宙進化の過程でまったく逆の作用をすることがわかっている。CDM は運動エネルギーが小さく大きな質量を持つために重力が強い領域を作り、周囲に散らばる物質を集める作用を持つ。一方で、HDM は高速で運動して物質と衝突するため、重力によって作られた構造を破壊する働きがある。CDM と HDM の相反する働きのバランスによって現在の大規模構造が形成されたことが、大規模なシミュレーションによって明らかになった。その結果によれば、HDM による構造破壊の効果は小さく、CDM による構造形成の効果が大きく反映された状態に進化してきたと考えられる。コンピューターシミュレーションによって大規模構造が形成される様子は国立天文台の WEB サイトで公開されているのでぜひアクセスして見ていただきたい。

7.5 アキシオン

アキシオンは、強い相互作用の性質を説明するために考えられた理論によって提案される未知素粒子である。基本的相互作用のうち、弱い相互作用以外の相互作用では自然界の基本的対称性 C、P、T のすべての積が対称になっている。C とは荷電共役 (Charge conjugation) の対称性で、物質と反物質の対称性を表し、C が保存される場合には粒子と反粒子の反応に違いが見られない。P はパリティの対称性で、P が保存される場合には空間反転（鏡に映した世界）で物理法則が変化しない。T は時間の対称性で、T が保存される場合には時間反転（時間を逆向きに進めた時）に物理法則が変化しない。CPT は物理系に荷電共役変換、パリティ変換と時間反転をすべて施した場合であり、CPT 変換によって物理系は変化しないという定理が証明されている (CPT 定理)。

　弱い相互作用では荷電対称性 C とパリティ対称性 P が最大限に破れていることが知られている。この事実を実験的に示した Wu 氏と理論的に証明した Yang 氏はともにノーベル物理学賞を授与された。

　一方、強い相互作用では C および P の破れは見つかっていないし、C と P の組み合わせである CP の対称性もよく保たれている。強い相互作用を記述する量子色力学 (Quantum ChromoDynamics: QCD) では、理論の中に位相を表すパラメーター θ_{eff} を含む項が存在してもかまわない。この項は次のように記述される。

$$\mathcal{L} = \theta_{\mathrm{eff}} \frac{\alpha_{\mathrm{s}}}{8\pi} F^{\mu\nu a} \tilde{F}^a_{\mu\nu} \tag{7.11}$$

ここで、α_{s} はは強い相互作用の結合定数、$F^{\mu\nu a}$ はグルーオンの場で、

$$\tilde{F}^a_{\mu\nu} = \frac{1}{2}\epsilon_{\mu\nu\rho\sigma} F^{\rho\sigma a} \tag{7.12}$$

である。θ_{eff} は CP の破れに関連する任意のパラメーターであり、実験的な制限は中性子の電気双極子モーメントの測定によって $\theta_{\mathrm{eff}} < 10^{-9}$ という極めて小さな値である。θ_{eff} がこんなに小さな値を取らなければならない理由は不明であり、強い相互作用の CP の破れの問題として活発な研究がなされている。

　この問題を解決する有力な理論が R.D.Peccei（ペッチェイ: 1942-）と H.R.Quinn（クイン: 1943-）によって提案された。新たにアキシオンの場 ϕ_A を追加して式 (7.11) を下記のように書き換える。

$$\mathcal{L} = \left(\theta_{\mathrm{eff}} - \frac{\phi_A}{f_a}\right) \frac{\alpha_s}{8\pi} F^{\mu\nu a} \tilde{F}^a_{\mu\nu} \tag{7.13}$$

この書き換えによって、θ_{eff} の値は任意でよくなり、その分 ϕ_A/f_a によって CP 対称性を保つことができるようになる。このメカニズムを Peccei-Quinn 機構と呼ぶ。

　このモデルによって新たな素粒子（南部 - ゴールドストンボゾンという）が存在することが予言される。これをアキシオン (axion) と呼ぶ。Axion という名前は、F.Wilczek によって命名された。もともとは洗剤の商品名であるが、Wilczek は axial current（スピンに依存する相互作用である）によって CP の問題を綺麗に片付けてくれるという意味を込めている（2004 年のノーベル物理学賞受賞記念講演より）。アキシオンの質量は f_a [GeV] に反比例し、

$$m_a = \frac{\sqrt{z}}{1+z} \frac{f_\pi m_\pi}{f_a} \tag{7.14}$$

$$= 0.62 \times 10^{-3} \text{ eV} \times \frac{10^{10} \text{ GeV}}{f_a}$$

で与えられる。ここで、、$z \equiv m_u/m_d$ はアップクォーク (u) とダウンクォーク (d) の質量比、$f_\pi = 93$ MeV は荷電パイ中間子の崩壊定数、m_π は荷電パイ中間子の質量である。f_a の値が非常に大きくなり、$f_a \gg v \simeq (\sqrt{2}G_{\mathrm{F}})^{-1/2} = 257$ GeV という条件を満たす場合には物質との相互作用の強さが極めて弱くなり、これまで実験で見つかっていないことを説明することができる。このような「見えない」アキシオン (invisible axion) には 2 つのモデルが一般によく議論されている。1 つは新しいクォークを導入し、そのクォークに Peccei-Quinn 荷という量子数を担わせるというものである。このようなアキシオンは KSVZ axion または hadronic axion と呼ばれている。もう 1 つは、2 つのヒッグス 2 重項を要求し、すべてのクォークとレプトンに Peccei-Quinn 荷を担わせる。このようなアキシオンは DFSZ axion または

GUT-axion と呼ばれている。2 種類のアキシオンにつけられている 4 つのアルファベットの羅列は、提案した研究者のイニシャルを並べたものである[*2]。

アキシオンは宇宙暗黒物質の候補としては CDM に分類されている。宇宙暗黒物質としてのアキシオンの密度は、

$$\Omega_a h^2 \simeq \left(\frac{f_a}{10^{12}\ \text{GeV}}\right)^{1.175} \tag{7.15}$$

で与えられる。これにより、$f_a \simeq 10^{12}$ GeV 程度であれば宇宙暗黒物質の主成分となりうる。

宇宙暗黒物質としてアキシオンが宇宙にどれくらい存在するのかという疑問に答えるため、恒星の進化や宇宙論のパラメーターからの制限が与えられたり、実験室においてアキシオンそのものを捕まえようとするさまざまな実験が試みられている。アキシオンと物質との相互作用は電磁相互作用に類似しており次のような分類がなされている。

1. **Primakoff effect:** 光子の光電効果と類似した反応である。原子の電場と相互作用し、外部からやってきた光子がアキシオンに変換される反応である。
2. **Compton scattering:** 光子のコンプトン散乱は、光子が自由電子と散乱し、散乱後の光子のエネルギーが低下するという現象である。アキシオンが関与する場合は、光子が電子と散乱した後にアキシオンに変換される。
3. **Nucleon bremsstrahung:** 原子核の内部に束縛されている核子（陽子など）が加速された際に制動放射として光子が放出される代わりにアキシオンが放出される。

アキシオンと 2 つの光子の結合定数 $g_{a\gamma\gamma}$ は次の式で表される。

$$g_{a\gamma\gamma} = \frac{\alpha}{2\pi}\left(\frac{E}{N} - \frac{2}{3}\cdot\frac{4+z}{1+z}\right)\frac{1+z}{\sqrt{z}}\frac{m_a}{m_\pi f_\pi} \tag{7.16}$$

ここで、α は微細構造定数、E/N はモデルによる不定性の大きいパラメーターで、KSVZ の場合 0、DFSZ の場合 8/3 とされている。現在の実験では KSVZ および DFSZ モデルの領域を探索することができるように装置を設計することが試みられている。いくつかの観測や実験の現状を以降に示す。

7.5.1 間接的な観測による制限

アキシオンの質量や量によって、恒星の進化や宇宙の構造に影響を及ぼすことが考えられる。現在観測されているさまざまな結果からアキシオンの相互作用や質量に対する制限を与える方法を間接的な観測と分類する。

恒星内部でアキシオンが生成されると、恒星内部のエネルギーをアキシオンが外部に持ち去ってしまう。まず、アキシオンの効果を考えないでおこう。恒星中心部の熱を恒星表面に伝えるメカニズムは光子によって伝えられる放射層（中心部にある）とガスの対流によって伝えられる対流層（表層部にある）の 2 段構成になっている。光子は恒星内部の物質と反応しやすいため、すぐに外層部の物質と反応してエネルギーを外部に受け渡す。恒星の外層部は密度が低くなっているため、ガスが自由に運動することができるようになる。それより外層部へは暖められたガスが対流によってさらに外側に運ばれることで熱が伝わる。太陽の場合、中心部で生成される熱が表面に到達するまでにはおよそ 400 万年かかると

[*2] J.E.Kim, M.A.Shifman, A.Vainstein と V.I.Zakhalov で KSVZ、M.Dine, W.Fischer, M.Srednicki と A.Zhitnitsky で DFSZ。

されている。これは中心部で放射による熱伝達がなかなか外に伝わらないことと、対流層が何層にも重なっていて熱伝達が極めてゆっくり進むことによる。

　アキシオンが関与すると、その状況は大きく変わる。恒星の中心部で生成されたアキシオンは、恒星内部の物質とほとんど反応せずに恒星の外に飛び出してしまう。そのために恒星中心部のエネルギーをアキシオンが効率よく奪い去って中心部の温度を下げてしまう。恒星中心部の温度が下がると非常に都合が悪い。なぜならば恒星の核融合反応が進む速さは中心部の温度に依存しており、アキシオンによって恒星中心部の温度が下げられてしまうと恒星の進化の速さに大きな影響を及ぼすからである。

　宇宙論からは別の制限がかかっている。アキシオンの質量が軽すぎるか重すぎるかのどちらかの場合には、アキシオンによる宇宙の物質密度が大きくなってしまい、宇宙全体のエネルギー密度 Ω が 1 を超えてしまう。宇宙論による制限から予想されるアキシオンの質量は 10 μeV という極めて軽い値であると考えられている。

7.5.2　アキシオンの直接探索

　アキシオンを直接観測する方法の原理は下記の通りである。光子が強い磁場によってアキシオンに変換される。アキシオンは物質とほとんど反応せずに透過するため、光子の光源と観測装置の間に光を遮蔽するものを置いておき、アキシオンだけが透過するようにする。透過したアキシオンを強い磁場によって再び光子に変換すればアキシオンの信号を捕らえることができる。光源の ON/OFF、磁場の ON/OFF によって観測器が受ける光子の数が有意に変化すればアキシオンの信号であると確認できる。光源については極めて強力なレーザーや太陽を使った実験が数多く行われている。

　レーザー光を用いた実験はドイツの DESY 研究所で行われている ALPS (Any Light Particle Search) プロジェクトである。ALPS プロジェクトでは 35 W の強力な赤外線レーザーと磁場による共振を利用してアキシオンを探している。現在までに ALPS-I 実験が終了し、世界で最も厳しい制限を与えている。

　厳しい制限とは、アキシオンの質量と相互作用の強さに対して最も広い範囲について存在の可能性を排除したという意味である。通常こういう表現を我々はよくするが、非常に荒っぽい表現をすれば「見つけようとしたが見つからなかった」ということである。ただ単に見つからなかったということでは将来の研究に対して何の情報も与えることができないので、「この辺りの質量と相互作用の強さについてはもう探しても無駄ですよ」と発表するわけである。今後、宇宙暗黒物質探索実験の結果については同じ表現がたくさん出てくるが、要するに見つかっていないわけである。何らかの形で宇宙暗黒物質があることは明らかなのに見つからないので、世界中で必死になって探しているというのが、現在の宇宙暗黒物質探索の状況である。

　強力なアキシオンの発生源として太陽に注目した実験は、前述のレーザーを用いた実験の受光部のみを地球に設置して観測する方法を採用している。太陽は我々の周辺にある最強の光源なので、太陽の内部でもたくさんのアキシオンが作られているはずである。アキシオンのエネルギーは太陽中心部の温度を反映して平均エネルギー 4 keV の黒体輻射の分布を持つ。そこで、太陽の方向に垂直に磁場を作り、その中で Primakoff 効果によって光子が作られる現象を探す実験が行われている。スイスの CERN の CAST (Cern Axion Solar Telescope) と東京大学の Sumico (Tokyo Axion Helioscope) がそれぞれ太陽から飛んでくるアキシオンの信号を探している。いずれの実験もまだ有意な信号を捉えるには至っていない。

　別の観点からアキシオンを探索する方法は、宇宙暗黒物質として宇宙空間を飛び交うアキシオンを捕

らえる実験が多数提案されている。宇宙暗黒物質のアキシオンは宇宙背景輻射の光子が Primakoff 効果でアキシオンに変換されたものを測ることで確認できる。強い磁場をかけた検出器にアキシオンがやってくると、磁場によってアキシオンが光子に変換されるので、その光子を受信機で観測すればよい。この場合の光子は宇宙背景輻射の 2.7 K に対応する振動数なので光子の波長はマイクロ波の領域になる。光子の波長を λ、宇宙背景輻射の温度を T とすると

$$\lambda = \frac{k_{\mathrm{B}}T}{h} \tag{7.17}$$

という関係式で波長が求められる。ここで k_{B} と h はそれぞれボルツマン定数、プランク定数である。

　マイクロ波のバックグラウンドは装置の熱による放射であり、それは周辺に満ちているのでバックグラウンド対策が極めて重要になる。対策方法は検出器の温度をできる限り低く保つことである。信号とノイズの比 (S/N 比) は検出器の温度に反比例して向上するので、温度を 10 ～ 100 mK に保つためのさまざまな工夫が行われている。実験はアメリカのワシントン大学、同じくイェール大学のほかドイツの DESY で、それぞれの特徴を活かした装置を開発している。日本では京都大学で華洛 (CARRACK) というプロジェクトが独自の手法でアキシオンを探索する計画を進めている。

　現状のアキシオン探索によって存在の可能性が排除された領域を図 7.3 に示す。図の横軸はアキシオ

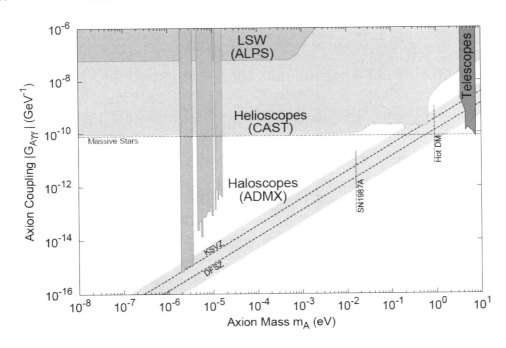

図 7.3　アキシオン探索の現状
Particle group のアキシオンに関するレビューより転載。詳しい説明は本文を参照のこと。

ンの質量、縦軸はアキシオンと光子との結合定数を表す。図の下に行くほど物質との相互作用が弱くなるので検出しにくくなり、右側に行くほど宇宙のアキシオン数密度が少なくなるので検出しにくくなる。KSVZ および DFSZ と記されている斜めの線はそれぞれのモデルによる存在の可能性がある質量と結合定数を表す。LSW、Helioscopes, Haloscopes などと表示されている領域は、その領域にはアキシオンの

可能性がないことを示している実験結果であり、それぞれの実験の感度を表す。右下の領域に行くほど高い感度の実験が必要になっていく。

7.6 超対称性粒子

7.6.1 超対称性粒子の種類

超対称性とは、素粒子のモデルの 1 つである。素粒子の標準理論は、付録 B に紹介している。標準理論は、いろいろな素粒子の反応、素粒子の種類について完璧なほどにうまく説明できており、その観点では完成された理論であると言えるであろう。しかしながら、多くの素粒子物理学者は標準理論が究極の理論ではないと考えている。この理由はいくつかあり、標準理論では決定できない未知の定数が多数あること、ヒッグスボゾンの質量に対して輻射補正を行うと、四次の項で発散してしまうことなどがある。未知の定数が存在することは、標準理論を超えるさらに究極的な理論があり、その理論によって未知の定数が決定されると考えることが自然である。輻射補正の四次で発散する問題をうまく解決する理論が超対称性理論で、通常の素粒子に対して超対称性のパートナーと呼ばれる新粒子を提案している。

素粒子にはスピンという量子数があり、その値が整数であるものをボーズ粒子またはボゾンと呼び、奇数の半分であるものをフェルミ粒子またはフェルミオンと呼ぶ。物質を作る基本粒子であるクォークとレプトンはすべてスピン $\hbar/2$ のフェルミオンである。一方、力を伝える粒子であるゲージ粒子はすべて整数スピンを持つボゾンであるのでゲージボゾンと呼ぶこともある。強い相互作用を伝えるグルーオン (g) や中間子[*3]、弱い相互作用を伝えるウィークボゾン (W$^\pm$、Z^0)、電磁気力を伝える光子 (γ) はそれぞれ $1\hbar$ のスピンを持っている。重力を伝える重力子 (G) は $2\hbar$ のスピンを持っていると考えられている。表 7.1 に標準理論の素粒子とそれらの超対称性粒子のペア (SUSY パートナーと呼ぶ) を紹介する。

フェルミオンの SUSY パートナーはスピンが 0 のスカラー粒子になるので、もとの名前の前にスカラーという接頭語のようなものをつけて呼ぶ。ただ、これは面倒なのでスカラーの頭文字 s をつけて squark（スクォーク）とか sneutrino（スニュートリノ）などと呼ぶことが多い。また、ベクトル粒子であるゲージボゾン（表の二重線より下段）のスピンは $\hbar/2$ になり（スピン $2\hbar$ の重力子のパートナーであるグラヴィティーノのスピンは $3\hbar/2$ である）、もとの粒子の英語名に接尾語-ino をつけるという規則が決まっている。もともと-ino はイタリア語を起源とする「小さいもの」という意味を持つ接尾語である。そういう意味ではニュートリノの命名は非常に的を射た表現である。しかし、SUSY パートナーの予想される質量は-ino と呼ぶには非常に大きい。

我々の身の周りには超対称性粒子と考えられる粒子やその痕跡は明確には見つかっていない。宇宙に超対称性粒子で作られた物質が見られないにもかかわらず、その一種が宇宙暗黒物質として大量に存在するかもしれないとされている。このような矛盾するような状況を説明するために 1 つの新しい物理量 R パリティを考案した。超対称性粒子と通常の粒子はそれぞれ異なる R パリティを持っており、通常の素粒子は +1、超対称性粒子は -1 を持つと決めておく。宇宙初期の高エネルギー状態では超対称性粒子はたくさんあったと考えられるが、宇宙膨張に伴って温度が下がると質量の大きな超対称性粒子は崩壊してより軽い超対称性粒子に変換されていく。最終的には最も軽い超対称性粒子（Lightest Super Partner: LSP）まで崩壊したあと、R パリティの保存則によってこれ以上の崩壊ができなくなって宇宙に残ることになる。電荷をもつ粒子ならば容易に発見できるので、宇宙暗黒物質としての超対称性粒子

[*3] 中間子はクォーク 2 つからなる複合粒子であって狭義の素粒子ではないが原子核の内部で強い力を伝えている。

表 7.1 標準理論の素粒子とその SUSY パートナー

標準理論の素粒子	記号	超対称性粒子	記号
アップクォーク	u	スカラーアップクォーク	$\tilde{u}$
ダウンクォーク	d	スカラーダウンクォーク	$\tilde{d}$
ストレンジクォーク	s	スカラーストレンジクォーク	$\tilde{s}$
チャームクォーク	c	スカラーチャームクォーク	$\tilde{c}$
トップクォーク	t	スカラートップクォーク	$\tilde{t}$
ボトムクォーク	b	スカラーボトムクォーク	$\tilde{b}$
電子 (エレクトロン)	e	スカラーエレクトロン	$\tilde{e}$
ミューオン	μ	スカラーミュー	$\tilde{\mu}$
タウオン	τ	スカラータウ	$\tilde{\tau}$
電子ニュートリノ	ν_e	スカラー電子ニュートリノ	$\tilde{\nu_e}$
ミューニュートリノ	ν_μ	スカラーミューニュートリノ	$\tilde{\nu_\mu}$
タウニュートリノ	ν_τ	スカラータウニュートリノ	$\tilde{\nu_\tau}$
光子（フォトン）	γ	フォティーノ	$\tilde{\gamma}$
ダブリューボゾン	W	ウィーノ	$\tilde{W}$
ズィーボゾン	Z^0	ズィーノ	$\tilde{Z}^0$
グルーオン	g	グルイーノ	$\tilde{g}$
重力子 (グラヴィトン)	G	グラヴィティーノ	$\tilde{G}$
荷電ヒッグス	$H^\pm$	荷電ヒグシーノ	$\tilde{H}^\pm$
中性ヒッグス	H^0	中性ヒグシーノ	$\tilde{H}^0$

は電気的に中性な LSP であるとされている。

　超対称性粒子を人工的に作る試みは高エネルギー加速器を用いて行われている。現在世界最高のエネルギーで実験しているヨーロッパの CERN では LHC（Large Hadron Collider）で実験を行っている。LHC は素粒子の標準模型の構成粒子で最後まで見つかっていなかった Higgs 粒子を発見した実験が行われていたことで有名であるが、超対称性粒子を発見することはできていない。今後はさらに高エネルギーかつ、反応が単純な電子と陽電子を衝突させる実験に期待が寄せられている。次世代の加速器はILC（Internathional Linear Collider）計画が進行中で、電子と陽電子を全長 30 km のトンネルで加速して衝突させる実験をする予定である。建設予定地は世界中の候補地が検討されているが、日本でも建設を誘致する運動が展開されている。詳しい情報は（https://aaa-sentan.org/ILC/）に紹介されている。

7.6.2　宇宙暗黒物質としての超対称性粒子

　超対称性粒子が宇宙暗黒物質の主成分であるための条件は、

1. 電気的に中性であること
2. 最も軽い超対称性粒子 (LSP) であること
3. 現在の宇宙でも対消滅せずに残っていること

という条件が必要である。1 番目の条件は、表 7.1 のリストのうち、電気的に中性なものであればよい。2 番目の条件は LSP が安定な素粒子であることを保証する内容である。表に示されている超対称性粒子のうちどれが軽いかは、理論のパラメーターによって変わるために単純には決まらない。LSP が宇宙暗黒物質であるとした場合の、密度、相互作用断面積などは理論的に計算されている。計算結果は実験や観測による判定を経て可能性のあるものだけが宇宙暗黒物質の候補として生き残っていく。

　WIMPs と原子核との散乱は、もとをただせば原子核内のクォークと WIMPs との散乱が基本である。すべての計算はクォークレベルの計算を行い、その結果を原子核の核子（陽子と中性子）に対して組み立て、原子核との散乱断面積を計算する。クォークと WIMPs の散乱は弱い相互作用を媒介する Z 粒子を交換する散乱と、超対称性粒子の場合にはスカラークォークやフォティーノなどを交換する散乱がある。WIMPs が Majorana 粒子（マヨラナ）の場合はスピンに依存しないスカラー相互作用とスピンに依存する擬ベクトル相互作用が主で、Dirac 粒子の場合はスピンに依存しないベクトル相互作用とスピンに依存する擬ベクトル相互作用が主になる[*4]。

　原子核に対する散乱断面積を求める際には、クォークごとの散乱振幅を核子（陽子や中性子）について足しあわせ、さらに核子ごとに散乱振幅を足しあわせていく。この際、スカラー型相互作用とベクトル型相互作用はすべての核子に対して干渉的に足しあわされていくが、擬ベクトル相互作用の場合はスピンに依存する正負の項によって打ち消し合ってしまう。この性質によって WIMPs の相互作用をスピンに依存しない散乱 (Spin Independent; SI) とスピンに依存する散乱 (Spin Dependent; SD) とに分類することが多い。図 7.4 に WIMPs と原子核との相互作用の模式図を示す。

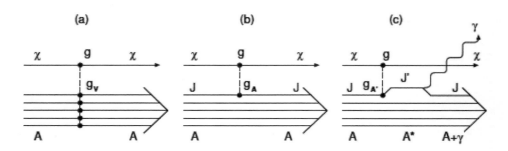

図 7.4　**WIMPs と原子核との相互作用の模式図**
左から (a) SI 型、(b) SD 型および (c) 非弾性散乱 EX 型。

原子核と WIMPs との弾性散乱断面積は SI 型と SD 型のそれぞれの和となり、

$$\sigma_{\chi-\mathrm{N}} = 4G_\mathrm{F}^2 \mu^2 (C^{\mathrm{SI}} + C^{\mathrm{SD}}) \tag{7.18}$$

である。ここで、G_F は弱い相互作用の結合定数、μ は換算質量で

$$\mu = \frac{m_\chi m_\mathrm{N}}{m_\chi + m_\mathrm{N}} \tag{7.19}$$

[*4]　マヨラナ粒子は粒子と反粒子の区別がない素粒子、ディラック粒子は区別がある。例えば標準理論のクォークとレプトンはディラック粒子である。ニュートリノにもしわずかな質量があれば、それはマヨラナ粒子であるかもしれない。詳しくは素粒子物理学の教科書を参照のこと。

である。スピンに依存しない項 C^{SI} は

$$C^{\mathrm{SI}} = \frac{1}{\pi G_{\mathrm{F}}^2} \{Z f_{\mathrm{p}} + (A - Z) f_{\mathrm{n}}\}^2 \tag{7.20}$$

ここで Z および A はそれぞれ原子核中の陽子数および質量数である。

原子核のスピンに依存する相互作用の項は次のように表される。

$$C^{\mathrm{SD}} = \frac{8}{\pi} \frac{J + 1}{J} \left(a_{\mathrm{p}} \langle S_{\mathrm{p}} \rangle + a_{\mathrm{n}} \langle S_{\mathrm{n}} \rangle\right)^2 \tag{7.21}$$

ここで、J は標的原子核の全角運動量、$\langle S_{\mathrm{p}} \rangle$ と $\langle S_{\mathrm{n}} \rangle$ はそれぞれ陽子と中性子の原子核内におけるスピンの期待値である。単独の陽子、中性子の場合はよく知られているように $\frac{1}{2}\hbar$ という値を持つ。一般の原子核に対するスピンに依存する相互作用の散乱振幅は、核子それぞれのスピンが互いに逆向きになっているもの同士が打ち消し合うために原子核全体のスピンを担う核子のみが断面積に寄与する。この計算は原子核構造の複雑な計算が必要なため、核構造のモデルによる違いが大きい。さまざまなモデル計算が提案されているが、現在のところ single particle shell model という計算方法が広く使われている。現在の状況では、どの核構造モデルも完全に原子核の構造を記述できているとはいえないため、WIMPs の断面積を計算する際にはどの核構造モデルを使ったかを明示しなければならない。参考のために、single particle shell model による計算結果を表 7.2 に示す。

表 7.2 スピンに依存する相互作用の係数。R.W.Schnee, Physics of the Large and Small: Proceedings of the 2009 Theoretical Advanced Study Institute in Elementary Particle Physics, pp. 629-681 (World Scientific, Singapore), Ed. Csaba Csaki and Scott Dodelson (2010) に記載の表。

Nucleus	Z	Odd Nuc.	J	$\langle S_{\mathrm{p}} \rangle$	$\langle S_{\mathrm{n}} \rangle$	$\frac{4\langle S_{\mathrm{p}} \rangle^2 J(J+1)}{3J}$	$\frac{4\langle S_{\mathrm{n}} \rangle^2 J(J+1)}{3J}$
$^{19}\mathrm{F}$	9	p	1/2	0.477	−0.004	9.1×10^{-1}	6.4×10^{-5}
$^{23}\mathrm{Na}$	11	p	3/2	0.248	0.020	1.3×10^{-1}	8.9×10^{-4}
$^{27}\mathrm{Al}$	13	p	5/2	−0.343	0.030	2.2×10^{-1}	1.7×10^{-3}
$^{29}\mathrm{Si}$	14	n	1/2	−0.002	0.130	1.6×10^{-5}	6.8×10^{-2}
$^{35}\mathrm{Cl}$	17	p	3/2	−0.083	0.004	1.5×10^{-2}	3.6×10^{-5}
$^{39}\mathrm{K}$	19	p	3/2	−0.180	0.050	7.2×10^{-2}	5.6×10^{-3}
$^{73}\mathrm{Ge}$	32	n	9/2	0.030	0.378	1.5×10^{-3}	2.3×10^{-1}
$^{93}\mathrm{Nb}$	41	p	9/2	0.460	0.080	3.4×10^{-1}	1.0×10^{-2}
$^{125}\mathrm{Te}$	52	n	1/2	0.001	0.287	4.0×10^{-6}	3.3×10^{-1}
$^{127}\mathrm{I}$	53	p	5/2	0.309	0.075	1.8×10^{-1}	1.0×10^{-2}
$^{129}\mathrm{Xe}$	54	n	1/2	0.028	0.359	3.1×10^{-3}	5.2×10^{-1}
$^{131}\mathrm{Xe}$	54	n	3/2	−0.009	−0.227	1.8×10^{-4}	1.2×10^{-1}

EX 型（非弾性散乱）の相互作用はスピンに依存する相互作用によって原子核が励起される現象であり、非弾性散乱という。相互作用の断面積は入射粒子と散乱粒子の運動量 p_i と p_f の比（phase space factor という）および原子核のスピン演算子

$$\lambda_{\mathrm{N}} = \langle A^* | \boldsymbol{s} | A \rangle \tag{7.22}$$

を用いて次の式で求められる。

$$\frac{d^2\sigma}{dp_i d\Omega} = N \left(\frac{m_{\mathrm{N}} m_\chi}{m_{\mathrm{N}} + m_\chi}\right)^2 \lambda_{\mathrm{N}}^2 |F(q)|^2 \frac{p_f}{p_i} \frac{f(p_i)}{4\pi} \tag{7.23}$$

ここで、s は標的原子核の中にある、励起される核子のスピン量子数、N は WIMPs の種類に依存する係数、m_{N}、m_χ はそれぞれ標的原子核の質量および WIMPs の質量、$F(q)$ は運動量移行 q の構造因子、$f(p_i)$ は入射する WIMPs の速度分布で通常はマックスウェル分布を仮定する。

EX 型は弾性散乱に比べて散乱断面積が 2 〜 3 桁ほど小さいという難点があるものの、引き続いてガンマ線を放出するため、高エネルギーの応答が観測される。100 kg を超える大容量の検出器を用いた場合は統計精度が高くなるため微弱なガンマ線のピークを感度よく計測できる。これまでに DAMA/LIBRA、ELEGANT V、XMASS などのグループが非弾性散乱の解析結果を報告している。

問題
超対称性理論で予想されるニュートラリーノと原子核との散乱断面積を計算せよ。いくつかの仮定が必要であるが、それらは読者もしくは講義をする先生が適当に設定してみるとよい。

7.7 WIMPs の探索法

7.7.1 WIMPs について

WIMPs とは弱い相互作用と重力相互作用のみをする重い粒子という意味で、英語 Weakly Interacting Massive Particles の頭文字を取ったものである [*5]。宇宙の輻射とは低温になってから分離したと考えられるために CDM に分類されており、前述の超対称性粒子のうち、LSP は WIMPs の最有力候補である。

素粒子反応の観点からは弱い相互作用の方が重力相互作用よりも何桁も強いので、重力相互作用は無視している。一方、マクロのスケールでは、WIMPs の質量が大きいため、銀河系の重力によって銀河に捕捉され、銀河の質量をさらに増やして重力源となる。銀河に捉えられた WIMPs による強い重力のために、初期宇宙で急速に銀河が宇宙のあちらこちらに作られ、現在に至ると考えられている。もしも WIMPs が存在しない宇宙だと、銀河を形成するに十分な重力を作ることができず、銀河がなかなか形成されないまま現在に至って観測事実を説明できない。また、高エネルギーのニュートリノは物質と散乱してせっかく形成された銀河の種となる物質の塊を破壊してしまう。そのため、ニュートリノのような HDM を主成分とする宇宙も現在の観測を説明できない。

WIMPs の質量は数 GeV から数千 GeV の間にあると考えられている。やたらと幅の広い予想値であるが、実験で見つかっていないので幅広い可能性を考えざるを得ないのでこのような予想がなされている。水素の原子核である陽子の質量が 0.938 GeV であることから、有力視されている WIMPs の質量は単独の素粒子でも重い原子核 1 個分の質量を持っている。WIMPs は銀河の重力によって束縛されているので、銀河系内では熱平衡状態になっていると考えられている。そのため、WIMPs の速度分布は平均速度 $\langle v_0 \rangle$ のマックスウェル分布に従い、飛来方向は銀河系が静止している座標系で一様かつ等方的であると仮定されている。WIMPs の太陽系付近における数密度 n_0 と平均速度から、WIMPs の流束 ϕ を求

[*5] 英和辞典で調べると wimp とは弱虫という意味であることが分かる。宇宙暗黒物質の候補には前に紹介した MACHO と今回の WIMPs があるわけで、一見 MACHO の方が強そうであるが、宇宙の物質のうち大部分は WIMPs によって占められている。

めることができる。実験室に入射する WIMPs の速度を v_χ とすれば、流束 ϕ は

$$\phi = n_0 |v_\chi| \tag{7.24}$$

となる。太陽系近傍の WIMPs の数密度は太陽系近傍の物質密度 ρ_0 とと WIMPs の質量 m_χ を用いて

$$n_0 = \frac{\rho_0}{m_\chi} \tag{7.25}$$

で求められる。WIMPs の流束と原子核と WIMPs の間の散乱断面積から、1 日あたり 1 kg の検出器で予想される計数率 R kg^{-1}day^1 は、

$$R = \frac{N_{\mathrm{A}}}{A} \sigma_{\chi-\mathrm{N}} n_0 \langle |v_\chi| \rangle \tag{7.26}$$

となる。ここで、$N_{\mathrm{A}} = 6.02 \times 10^{26}$ kmol^{-1} はアボガドロ定数、A は標的となる原子核の質量数である。

7.7.2 WIMPs と原子核の力学

実験室にやってくる WIMPs の運動エネルギーは

$$E_\chi = \frac{1}{2} m_\chi v_\chi^2 \tag{7.27}$$

で与えられる。WIMPs の太陽系付近における平均速度は 230 km/sec 程度と、光速に対して十分遅いので以下の議論で相対性理論の知識を使うことはほとんど（いや、まったく）ない。WIMPs が質量 m_{N} の原子核と弾性散乱をした場合に原子核が受け取るエネルギー E_{R}(反跳エネルギー:recoil energy という) は重心系の散乱角度を θ として

$$E_{\mathrm{R}} = \frac{4 m_{\mathrm{N}} m_\chi}{(m_{\mathrm{N}} + m_\chi)^2} E_\chi \frac{1 - \cos\theta}{2} \tag{7.28}$$

となる。重心系では散乱角 θ は一様かつ等方的であるので、E_R は 0 keV から $E_{R,\max} = \frac{4 m_{\mathrm{N}} m_\chi}{(m_{\mathrm{N}} + m_\chi)^2} E_\chi$ までの間に一様に分布するような矩形のエネルギー分布を作る (図 7.5)。

WIMPs の平均運動エネルギーを $E_0 = \frac{1}{2} m_\chi v_0^2$ とするとエネルギー分布はマックスウェル分布に従うので、反跳された原子核の運動エネルギー E_{R} の分布は次のようになる。

$$\frac{dR}{dE_{\mathrm{R}}} = \frac{R_0}{r E_0} \exp\left(-\frac{E_{\mathrm{R}}}{r E_0}\right) |F(q)|^2 \tag{7.29}$$

と表される。ここで

$$r \equiv \frac{4 m_\chi m_{\mathrm{N}}}{(m_\chi + m_{\mathrm{N}})^2} \tag{7.30}$$

また、R_0 は単位時間、単位質量の標的核に衝突する WIMPs の数である。$|F(q)|^2$ は標的原子核と WIMPs の散乱における構造因子である。構造因子については後述する。

7.7.3 地球の運動による WIMPs の季節変化

太陽系近傍の天体の運動速度は、銀河系に対しておよそ 230 km/sec で、我々の太陽系も同じ速度 $v_\odot = 230$ km/sec で運動していると考える。WIMPs も同じ平均速度を持ってあらゆる方向から太陽系に対して飛来するので、太陽系の進行方向に向かってやってくる WIMPs は速く、太陽系を追いかけてやってくる WIMPs は遅くなる。地球は太陽の周囲を公転しているため、地球の銀河系に対する相対

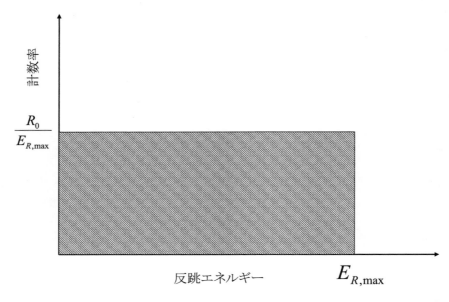

図 7.5　一定の運動エネルギー E_χ を持つ **WIMPs** が原子核に衝突した時の、原子核が受け取る重心系における反跳エネルギーの分布

速度は変化する。図 7.6 に示すように、地球の公転面は太陽の進行方向に対しおよそ $\theta_\mathrm{E} = 60°$ 傾いて $v_\mathrm{rev} = 30$ km/sec の速さで公転している。そのため、銀河系に対する地球の速さ v_E は ± 15 km/sec だけ増減し、1 月 1 日を $t = 0$ day としたときに

$$v_\mathrm{E} = v_\odot + v_\mathrm{rev} \sin \theta_\mathrm{E} \cos \left(2\pi \frac{t - 152.5}{365.25} \right) \ \text{km/sec} \tag{7.31}$$

という式で表すことができる。この影響によって、WIMPs の地球に対する平均入射速度は増減する。6 月上旬に地球の進行方向と太陽系の進行方向が同じになるので地球に入射する WIMPs の平均速度は最大になり、12 月上旬に最小になる。

　地球の公転を考慮に入れた WIMPs による原子核の反跳エネルギースペクトルは次のような式で表される。

$$\frac{dR}{dE_\mathrm{R}} = \frac{R_0}{r E_0} \frac{\sqrt{\pi}}{4y} \left\{ \mathrm{erf} \left(\frac{v_\mathrm{min} + v_\mathrm{E}}{v_0} \right) - \mathrm{erf} \left(\frac{v_\mathrm{min} - v_\mathrm{E}}{v_0} \right) \right\} \tag{7.32}$$

で与えられる。ここで、

$$v_\mathrm{min} = \sqrt{\frac{2E_\mathrm{R}}{r M_\chi}} \tag{7.33a}$$

$$y = \frac{v_\mathrm{E}}{v_0} \tag{7.33b}$$

$$\mathrm{erf}(x) = \frac{2}{\sqrt{\pi}} \int^x \exp(t^2) dt \tag{7.33c}$$

である。$\mathrm{erf}(x)$ は誤差関数と呼ばれる特殊関数である。v_min は、反跳エネルギー E_R を与える最も遅い WIMPs の速さを表す。v_min で原子核と衝突した WIMPs が、入射方向と正反対の向きに跳ね返されたときに E_R の反跳エネルギーが原子核に与えられるということである。

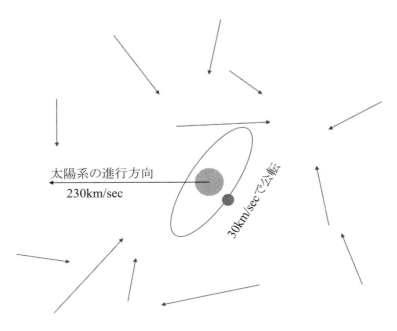

図 7.6　**太陽系および地球の銀河系に対する運動**
ランダムに描かれた矢印は WIMPs の運動をイメージしたもの。

　エネルギースペクトルの変化の様子を示すグラフを図 7.7 に示す。6 月頃のエネルギースペクトルと
12 月頃のエネルギースペクトルの差は高々 4% にすぎず、いかに小さいかがよくわかる。また、エネル
ギー領域によっては差が観測できない場合もあるので実際の観測には注意が必要である。全計数率の変

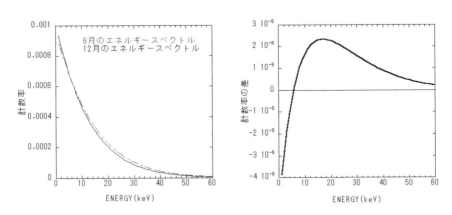

図 7.7　**WIMPs のエネルギースペクトルの季節変化**
左：6 月頃のエネルギースペクトル（破線）と 12 月頃のエネルギースペクトル（実線）。右：両者
の差。

化はわずか 4% しかないので、極めて高い精度の測定を行う必要がある。季節変化の観測は、あたかも
計数値の最大値と最小値の時期のデータを比較すればよいように思われるが、それでは統計精度が悪い。

精度の高い観測を行うためには、計数値の変化を 1 年間にわたって記録し、その変化が 1 年間の周期的な変化をしているかどうかを調べる。

季節変化の測定を行わない場合には、年平均のエネルギースペクトルを使う。2 つの定数 $c_1 = 0.751$ と $c_2 = 0.561$ を使って

$$\frac{dR}{dE_{\mathrm{R}}} = c_1 \frac{R_0}{rE_0} \exp\left(-\frac{c_2 E_{\mathrm{R}}}{rE_0}\right) |F(q)|^2 \tag{7.34}$$

となる。

7.7.4 銀河系の脱出速度の効果

ここまでの解説では、WIMPs の速度分布はマックスウェル分布に従うとだけ説明してきた。マックスウェル分布では速度の上限はないので、理論上は無限の運動エネルギーもあり得る。実際は、WIMPs の速さには上限があることがわかっている。WIMPs は銀河系の重力によって束縛されているという仮定があるため、銀河系の脱出速度よりも高速の WIMPs は存在しないからである。

銀河系の脱出速度は、銀河系に属する天体の固有運動を測ることによって求められる。固有運動の速度分布は、低速のものほど多く、高速のものほど少ないという簡単な分布になり、脱出速度よりも高速の天体がないことから脱出速度を実測することができる。2018 年の論文 (G. Monari et al., Astronomy & Astrophysics **616** (2018) L9) では人工衛星によって観測されたデータを解析して太陽系付近の脱出速度を

$$v_{\mathrm{esc}} = 580 \pm 63 \ \mathrm{km/sec} \tag{7.35}$$

と求めた。他にも多数の研究があり、$600 \sim 650 \ \mathrm{km/sec}$ の範囲になっていると考えられるものもある。いずれも、WIMPs のエネルギースペクトルを計算するときには銀河系の脱出速度を出典とともに明記しておくことが望ましい。

地球の運動及び銀河系の脱出速度を考慮した反跳エネルギースペクトルの式は

$$\frac{dR}{dE_{\mathrm{R}}} = \frac{k_0}{k_1}\left[\frac{R_0}{E_0 r}\frac{\sqrt{\pi}}{4}\frac{v_0}{v_{\mathrm{E}}}\left\{\mathrm{erf}\left(\frac{v_{\min} + v_{\mathrm{E}}}{v_0}\right) - \mathrm{erf}\left(\frac{v_{\min} - v_{\mathrm{E}}}{v_0}\right)\right\} - \frac{R_0}{E_0 r}\exp\left(-\frac{v_{\mathrm{esc}}^2}{v_0^2}\right)\right] \tag{7.36}$$

で表される。

7.7.5 原子核の構造因子

WIMPs と原子核との散乱によって原子核に与えられる反跳エネルギー (recoil energy) のスペクトルは、WIMPs のエネルギー分布による部分と、原子核との散乱における原子核の構造因子による部分、および検出器の応答による部分にわけられ、それぞれの積でエネルギースペクトルが求められる。エネルギー分布による部分は式 (7.32) や (7.34) から求められる

構造因子 (Form factor) の部分は、反応による運動量移行 (momentum transfer) に依存して散乱断面積を小さくする効果を持ち、衝突の量子論の重要な近似である Born 近似を用いて構造因子を計算することができる。入射する WIMPs の波動関数は平面波 $u_i(\boldsymbol{r}) = \exp(-i\boldsymbol{p_i} \cdot \boldsymbol{r})$ で表される。散乱された WIMPs の波動関数は、散乱直後では球面波であるが、散乱後の WIMPs の観測を無限遠方で行うならば平面波に近似することができる。実際には WIMPs は無限遠方まで飛び去ってしまうので、散乱後も平

面波であると近似しても問題なく、$u_f(\boldsymbol{r}) = \exp(-i\boldsymbol{p_f} \cdot \boldsymbol{r})$ と表すと、構造因子は

$$F(\boldsymbol{q}) = \int_V u_f^*(\boldsymbol{r})\rho(\boldsymbol{r})u_i(\boldsymbol{r})d^3r \tag{7.37a}$$

$$= \int_V \rho(\boldsymbol{r})\exp(-i\boldsymbol{q} \cdot \boldsymbol{r})d^3r \tag{7.37b}$$

となる。ここで、$\boldsymbol{q} = \boldsymbol{p_i} - \boldsymbol{p_f}$ は運動量移行（momentum transfer）である。積分領域 V は原子核の体積である。

原子核内の核子密度分布 $\rho(\boldsymbol{r})$ は、核子（陽子と中性子）の密度分布によって決まり、核の全体積で積分したときに 1 になるように規格化している。最も簡単な近似は、核子が原子核内に均一に分布する場合である。この場合は簡単に

$$\rho(\boldsymbol{r}) = \frac{3}{4\pi r_0^3} \tag{7.38}$$

となる。ここで、$r_0 = 1.18A^{1/3}$ は質量数 A の原子核の半径である。これと式 (7.37b) を使って構造因子を計算するのは割と簡単なので読者の演習にする。結果のみ示すと、

$$F(q) = \frac{3}{(qr_0)^3}(\sin qr_0 - qr_0 \cos qr_0) \tag{7.39}$$

となる。

7.7.6 WIMPs 検出器の応答

ここまでで紹介した dR/dE_R、散乱断面積 σ と構造因子 $F(q)$ の積によって WIMPs の散乱によって原子核が得る反跳エネルギースペクトルを計算することができる。これを計測するためには原子核の反跳エネルギーがどのような信号として認識されるかを知る必要がある。ある現象が検出器の内部で起こった時に現れる信号の出方を検出器の応答 (response) と呼び、現象の種類および検出器の種類によってそれぞれ異なる。ここでは、現在までに広く取り組まれてきたボロメーター（熱量計）による方法と半導体検出器およびシンチレーターによる方法の応答をそれぞれ紹介する。

ボロメーターの WIMPs に対する応答

ボロメーターとは検出器内で反応した放射線によって得られたエネルギーを検出器のわずかな温度上昇として検知する装置である。結晶性の物質を結晶のデバイ温度[*6]よりも十分に低い極低温に冷やすと、結晶の比熱の温度依存性が温度の 3 乗に比例するようになる。その結果、数 mK の極低温では結晶の比熱 C_V が小さくなるため、わずかなエネルギーによって大きな温度上昇が得られる。

ボロメーターはデバイの T^3 法則を利用して WIMPs によって結晶に与えられたエネルギーを直接温度上昇に変換して計測する装置である。温度上昇のメカニズムは単純であるため、検出器に使う素材は自由に選択することができるという利点は非常に大きい。また、WIMPs の衝突によって与えられたエネルギーのうち大部分は結晶の温度を上昇させることに使われるため、エネルギー効率が高い。これはすなわち低い反跳エネルギーまで観測することができることを意味するため、低エネルギー測定が非常に重要な WIMPs 探索には圧倒的に有利な方法であるといえる。しかしながら、常時数 mK という極低

[*6] デバイ温度の詳細については物性物理学の教科書を参照されたい。

温を維持するための冷凍機とバックグラウンドを遮蔽するための鉛や銅の遮蔽体を同時に設置しなければならないため、低バックグラウンドの測定は大きなスペースを要する。

ボロメーターで観測できる応答は、反跳エネルギーそのものであるため、観測されるエネルギースペクトル dR/dE_{Obs} は、

$$\frac{dR}{dE_{\mathrm{Obs}}} = \frac{dR}{dE_{\mathrm{R}}} |F(q)|^2 \tag{7.40}$$

で計算できる。

半導体・シンチレーターの WIMPs に対する応答

半導体やシンチレーターの場合は、WIMPs によって与えられたエネルギーのわずかな部分が信号になるため、見かけのエネルギーはボロメーターに比べて小さく観測される。両方の検出器ともに電子によって発生する電子・正孔対（これは半導体の場合）と蛍光量（こちらはシンチレーターの場合）を基準として観測されるエネルギーを決定することにしている。エネルギー E を持つ電子によって生成される電子-正孔対の数または蛍光の数を N とすると、その数は $N = E/w$ によって与えられる。ここで w は 1 対の電子-正孔対または 1 個の蛍光光子を作るために必要なエネルギーである。Ge 半導体検出器の場合は $w = 0.7$ eV、Si 半導体検出器の場合には $w = 1.1$ eV である。シンチレーターの場合は半導体よりも 10 倍以上大きく、NaI(Tl) の場合で $w = 13$ eV である。WIMPs の原子核反跳による電離は、電離密度が電子の電離密度に比べて極めて大きいためすぐに再結合してしまい、全エネルギーの一部しか電離に寄与しない。

エネルギー E_{R} を持つ反跳原子核による電離量（電子-正孔対または蛍光光子数）を、エネルギー E_{Obs} を持つ電子による電離量で表すためには 1 以下の係数 f (quenching factor) を用いて

$$E_{\mathrm{Obs}} = f \times E_{\mathrm{R}} \tag{7.41}$$

とする。f は一般にエネルギー依存性があるので観測される WIMPs の反跳エネルギースペクトル dR/dE_{Obs} と実際の反跳エネルギースペクトル dR/dE_{R} との間には

$$\frac{dR}{dE_{\mathrm{R}}} = f \left(1 + \frac{E_{\mathrm{R}}}{f} \frac{df}{dE_{\mathrm{R}}} \right) \frac{dR}{dE_{\mathrm{Obs}}} \tag{7.42}$$

という関係がなりたつ。半導体検出器の場合には、非常に古い研究であるが Lindhard らの理論的研究により

$$f(E_{\mathrm{R}}) = \frac{kg(\epsilon)}{1 + kg(\epsilon)} \tag{7.43}$$

$$\epsilon = 11.5 E_{\mathrm{R}}[\mathrm{keV}] Z^{-7/3} \tag{7.44}$$

$$k = 0.133 Z^{2/3} A^{1/2} \tag{7.45}$$

$$g(\epsilon) = 3\epsilon^{0.15} + 0.7\epsilon^{0.6} + \epsilon \tag{7.46}$$

で与えられる。Z は半導体を構成する原子の原子番号、g は経験式からフィットして得られた式である。半導体の場合の f はおよそ 0.25 程度で、残りは格子振動を経て熱になる。

シンチレーターの場合は Lindhard のモデルとは一致しないため、いくつかのグループがそれぞれ使用するシンチレーターについて f を測定する実験を行っている。シンチレーターに高速中性子を照射し、中性子によって反跳された原子核の応答を調べることによって f を測定することができる。NaI(Tl) シ

ンチレーターの場合は Na の反跳に対して $f = 0.3 \sim 0.4$、I の反跳に対して $f = 0.05 \sim 0.09$ という結果を得ている。$CaF_2(Eu)$ シンチレーターでも Ca に対して $f = 0.08$、F に対して $f = 0.12$ という結果を得ている。シンチレーターの場合もエネルギー依存性があるが、半導体のそれよりも変化の幅が小さいため、式 (7.42) の括弧内の第 2 項は無視している。

以上から、半導体検出器およびシンチレーターで観測される WIMPs のエネルギースペクトルは

$$\frac{dR}{dE_{\mathrm{Obs}}} = \frac{1}{f(E_{\mathrm{R}})} \left(1 + \frac{E_{\mathrm{R}}}{f(E_{\mathrm{R}})} \cdot \frac{df(E_{\mathrm{R}})}{dE_{\mathrm{R}}}\right)^{-1} \frac{dR}{dE_{\mathrm{R}}} |F(q)|^2 \tag{7.47}$$

で与えられる。エネルギースペクトルを描いた時には横軸が原子核の反跳エネルギーを表すか、原子核反跳エネルギーに quenching factor をかけた電子換算エネルギー（electron equivalent energy）を表すかを明示しなければならない。

WIMPs を探索するために使用する検出器は、一般の放射線検出器と同じである。これまで説明してきた WIMPs の信号特性、「計数率が低い」「観測されるエネルギーが低い」ということから、高感度かつ低エネルギー計測が可能な放射線検出器が多くのグループで開発されてきた。放射線検出器の分類は半導体検出器、シンチレーション検出器、ガス検出器、エマルジョン（乳剤）等に分類することができる。半導体検出器のうち Si と Ge はいずれも工業的に大規模かつ高純度の結晶が製造されているため、大容量かつ高純度の素材を必要とする WIMPs 探索実験に広く使われている。半導体検出器は放射線検出器の中では最もエネルギー分解能が高く、バックグラウンドの識別能力が高い。

シンチレーション検出器では表 7.3 に挙げた他にもさまざまなシンチレーターが応用されている。ガス検出器は WIMPs の飛来方向を特定する研究手法に採用され、リアルタイムに飛来方向の分布を計測できるシステムとして注目されている。エマルジョンは、ゲルに臭化水銀 (AgBr) の微粒子を混ぜたものに放射線を照射して放射線の軌跡を調べる装置で、これも飛来方向に感度を持つ有望な検出器である。過去には放射線検出器ではないが、雲母という鉱物に WIMPs が衝突した際に発生するであろう格子欠陥を調べるという方法で探索を試みたグループがあった。地球上にある雲母ができてから現在までに WIMPs によってできると考えられる格子欠陥を数えるという手法で、10 億年の積算ができると主張していたが、高い感度の測定はできていない。表 7.3 にシンチレーター検出器の特性を列挙した。

表 7.3 シンチレーター検出器の各種特性

名称	密度 [g/cm^3]	蛍光量 [/MeV]	蛍光時定数 [nsec]	最強蛍光 波長 [nm]	屈折率	その他
NaI(Tl)	3.67	38 000	230	413	1.85	潮解性極めて高い
CsI(Tl)	4.51	54 000	1 100	580	1.788	潮解性あり
CsI(Na)	4.51	25 000	650	420	1.84	潮解性高い
CsI(pure)	4.51	82 000^a	600	400	1.788	潮解性あり
CaF$_2$(Eu)	3.17	18 000	1 000	435	1.443	潮解性なし
Liq. Xe	2.95	42 000	40	175	1.6 1.7^b	液体で使用

a: 液体窒素の温度まで冷却した時の特性。

b: 真空紫外線領域（180 nm 以下の波長）における測定結果（XMASS グループの研究発表リストより）。

WIMPs と原子核との相互作用は極めて稀にしか起こらないため、大容量（数十 kg 以上）かつ低バッ

クグラウンドの装置が必要である。このような装置を安価に製造できるため、シンチレーターは世界の多くのグループによって WIMPs 探索に応用されてきた。よく使われているシンチレーターは、NaI (Tl)、CaF$_2$ (Eu)、CsI (Tl) や Xe である。シンチレーターの化学式の後に付いている (Tl) や (Eu) という記号は、それぞれ主とする結晶に mol 比で数 % 程度の Tl や Eu を添加し、可視光領域で蛍光を発するように調整したことを意味する。

　ガス検出器は放射線の軌跡を観測できるため、WIMPs の飛来方向を特定して季節変化の信号を調べることができる。WIMPs によって反跳された原子核の飛跡は気体の中でも数 μm 程度にしかならないため、位置分解能の高い軌跡検出器が必要で、各グループが技術を競っている。

問題

1. WIMPs の質量を $m_\chi = 100$ GeV/c^2、平均速度を $v_\chi = 230$ km/sec として、太陽系近傍の WIMPs の平均運動エネルギーを求めよ。

2. 質量数 $A = 127$ のヨウ素原子核の質量を求め、前問の WIMPs による反跳エネルギーの最大値 $E_{\mathrm{R,max}}$ を求めよ。

3. WIMPs による原子核の反跳エネルギースペクトルを、前問の仮定に基づいて計算し、グラフに表せ。ただし、現時点では構造因子は 1 として計算してよい。

4. 使いたい半導体検出器またはシンチレーターの WIMPs に対する応答を計算してみよ。WIMPs の質量は 10 GeV/c^2、50 GeV/c^2、100 GeV/c^2 とし、散乱断面積は 1 pb とする。

7.8　世界の WIMPs 探索実験

　これまで説明してきた WIMPs の信号を実際に観測することは極めて困難である。WIMPs の探索は、物質との相互作用断面積が 10^{-5} pb 以下と予想されるように信号の頻度が極めて低いため、数百 kg を超える超大型かつ 1 年で数イベントの信号を捉える超低バックグラウンドの装置が必要である。さらに、WIMPs による信号頻度はエネルギーが高くなると急激に小さくなるため、できる限り低いエネルギーを測定できる装置でなくてはならない。そのうえ、WIMPs の信号とよく似た信号を作り出すバックグランドの現象が多数存在する。

　バックグラウンドの現象は環境放射線と呼ばれる天然の放射性同位元素によって引き起こされる現象である。WIMPs を見つける検出器は一般の放射線にも高い感度を有するため、必要のない環境放射線に対しても信号を作り出してしまう。雑音の大きい所で小さな声は聞こえないのと同じように、WIMPs による微かな信号は大量の環境放射線によって隠されてしまうのである。

　このような厳しい条件を満たす装置を世界各国の多くのグループがそれぞれの持ち味を活かして開発している。21 世紀に入ってから多数の実験が行われており、いくつかのグループは WIMPs の信号を捉えたと報告している。しかしながら、別のグループによってその信号の可能性が排除されるなど、2014 年時点においては混乱の様相を呈している。

7.8.1　アメリカ

　CDMS（Cryogenic Dark Matter Search）グループが Ge や Si をターゲットに用いて探索を続けている。Ge ボロメーターを使った実験では γ 線、β 線のバックグラウンドを効果的に除去できる利点を活用

し、バックグラウンドの低い測定を行った。CDMS グループは半導体に放射線や WIMPs が衝突した場合の信号を、電離信号と熱信号を同時に計測することで識別することに成功した。放射線が半導体検出器と相互作用してエネルギー E_{rad} を与えた時、前節で説明した f のように全部が結晶を電離させるエネルギーには使われずに、結晶の格子振動として熱エネルギーに転換される。結晶を電離させるために使われたエネルギーを $E_{ion} = fE_{rad}$ とし、結晶の温度を上げる熱に使われたエネルギーを E_{therm} とすると、エネルギー保存の法則から明らかに

$$E_{rad} = E_{ion} + E_{therm} \tag{7.48}$$

となる。図（7.8）に粒子識別の結果を示す。図の左側は中性子線源を入射した時の識別図である。横軸

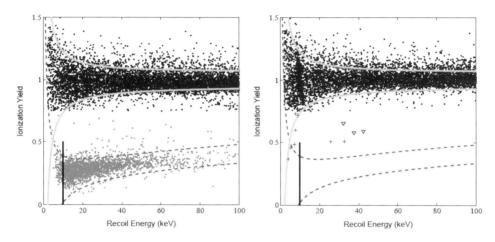

図 7.8　**CDMS グループによる粒子弁別の結果**
CDMS Collaboration, Physical Review Letters **93** (2004) 211301 より転載。

は検出器に与えられた熱量、縦軸は電離量に対する熱量の比である。X 線や γ 線は光電効果などによって電子に変換されるため、電子の信号として計測され、電離量に対する熱量の比は 1 に近い値になっている。比が小さい領域に見られる多数の信号は、高速中性子によって弾かれた原子核による信号である。高速中性子による反跳は WIMPs による信号と同じになるので WIMPs 探索の模擬実験としてよく行われる。左図では電子などによるバックグラウンドと原子核反跳による信号が明瞭に識別できたことを示している。右図は中性子線源を除去したバックグラウンドの図で、WIMPs 探索の実験結果となる。2004年の時点では図のように点線で囲まれた信号の領域には事象が観測されていなかったが、2011 年になって遂に数個の WIMPs と考えられる事象を発見したことを報告した（R.Agnese et al. CDMS Collab., Physical Review Letters **111** (2013) 251301）。彼らは 1 個あたり 239 g のゲルマニウム半導体検出器を19 個と 1 個あたり 106 g のシリコン半導体検出器を 11 個組み合わせた検出器を用いて測定した。実験は有効な時間で 100 日以上行われ、粒子識別の条件を最適化してバックグラウンドに起因する事象を注意深く取り除いた。その結果、WIMPs によるものと思われる事象が 3 個残った。3 個の事象について注意深く解析した結果、その事象は質量 10 GeV/c^2 の場合に散乱断面積 2.4×10^{-41} cm^2 の場合が結果を最もよく再現すると考えられる。

　CoGeNT グループは Soudan の観測所で 440 g の大型 Ge を使った実験を行い、442 日間のデータを

収集して WIMPs による季節変化の信号を探した。その結果、標準偏差の 2.8 倍を超える季節変動の信号を捉えることに成功した[*7]。スペクトルの形および季節変化の信号が見られるエネルギー領域より、WIMPs の質量はおよそ 7 GeV/c^2 散乱断面積がおよそ 10^{-4} pb がもっともらしいと結論づけた (C.E.Aalseth et al.,Physical Review Letters **107** (2011) 141301)[*8]。

　Xe を使った実験は TPC（Time Projection Chamber）の技術とシンチレーション光の同時測定を組み合わせている。TPC は縦横に多数張られた陽極電線に放射線の電離によって生成された電子が到達する時刻を測定する装置で、隣り合う電線に電子が到達する時間差から放射線の軌跡を精密に測定することができる。LUX グループ（the Large Underground Xenon experiment）は液体と気体のキセノンを共存させた環境で実験し、電離による電荷信号 (S2) とシンチレーション光 (S1) の強度比が β 線や γ 線と原子核反跳によって異なることを利用して放射線の粒子識別に成功している。LUX 実験は電子換算エネルギーで 3 keV まで測定することができている。

　この結果、低質量の WIMPs にも十分な感度をもって探索することに成功している。液体および気体キセノンは、実験開始後でも蒸留を繰り返すことで放射性不純物の濃度を下げることが可能なため、低バックグラウンド化を究極まで進めることが容易である。

　LUX による実験では WIMPs と考えられる信号を見つけることができなかったが、現在のところ世界で最も高い感度で測定することができた。その結果、WIMPs と陽子の散乱断面積について 10^{-9} cm^2 より大きい値を持つ WIMPs の可能性を排除した (D.S.Akerib et al., LUX Collab., Physical Review Letters **112** (2014) 091303)。この実験と先行する Xenon 実験により、前述の CDMS、CoGeNT やこの後説明する DAMA/LIBRA の結果が否定されることになるが、双方ともに主張を譲らない。

7.8.2　ヨーロッパ

　イタリアの DAMA/LIBRA (Large sodium Iodide Bulk for RAre processes) グループは、1990 年代からイタリアの Gran Sasso 地下実験室で長期にわたって大容量の NaI(Tl)（タリウム添加ヨウ化ナトリウム）検出器を使って WIMPs を探索している。2000 年頃に DAMA グループは WIMPs の季節変化による信号を捉えたという衝撃的な報告を行った。彼らは初めに全部で約 100 kg の高純度な NaI(Tl) を用いて低バックグラウンド測定を行った。WIMPs による信号が予想されるエネルギー領域は 5 keV 以下の低い領域のため、エネルギー閾値を 2 keV まで下げることに成功して長期間の測定を行った。6 年間の連続測定の後、検出器の質量を 250 kg に増やして LIBRA プロジェクトと改称してさらに 8 年間測定を継続した。図 7.9 に 2013 年までの季節変化測定結果を示す。図は電子換算エネルギーで 2 keV から 6 keV までの範囲の計数率が平均値からどれくらいずれているかを示したデータで、縦軸の 0 が平均値である。縦軸の単位は cpd/kg/keV と表示されているが、これは WIMPs 探索における一般的な計数率で、1 日あたり、検出器 1 kg あたり、電子換算エネルギー 1 keV あたりに何個計数があったかを示す。計数率が低いほど WIMPs に対する感度が高い。

　1 年目は冬と夏の計数率のみを比較し、ここで季節変化と思われる差を見いだしたため、次の年から連続測定を開始した。統計精度の観点からも、夏と冬の比較をするよりも 1 年間連続して測定するほうが

[*7] 標準偏差はデータの誤差である。誤差の 2 倍を超えて何らかの信号を捉えると、その信号が本当に存在する可能性は 99% 以上になる。

[*8] CDMS は散乱断面積を cm^2 で表し、CoGeNT は pb で表している。それぞれの流儀に基づいているのでそれを尊重しているが、読者は混乱するかもしれない。1 pb= 10^{-36} cm^2 で変換できるので慣れておこう。

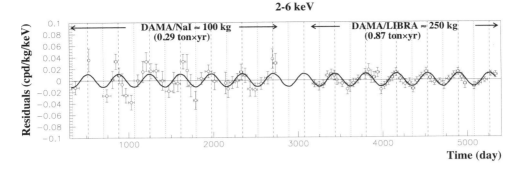

図 7.9 **DAMA/LIBRA** による季節変化の観測結果
Proceedings of the 15th Bled Workshop "What Comes Beyond Standard Models" (December 2012), Vol. 13, No. 2 に掲載の図。

高感度で季節変化を調べることができる。その後約 8 年後に検出器の質量を 250 kg に増量して現在まで継続し、何らかの季節変化をもつ信号を捉えている。

DAMA/LIBRA による季節変化の報告は現在も検証すべき対象となっている。彼らの報告では、WIMPs による季節変化が見られるエネルギー領域のほか、バックグラウンド源になる高エネルギー領域でも季節変化の兆候が見られないか、周囲の中性子や宇宙線の数に季節変化が見られないか、温度変化、湿度変化などの影響はないかなど考えられる要因を 1 つひとつ検証していった。その結果、すでにわかっている要因によって観測される季節変化は説明できず、WIMPs の信号によって季節変化が観測されると考えることが最も妥当であるという結論に至った。

DAMA/LIBRA の結果は直ちに他のグループによって検証されなければならない課題であるが、彼らと同等の感度を有する NaI(Tl) 検出器を開発することができなかった。世界の企業の中で NaI(Tl) 検出器を作る会社がほとんどなかったからである。科学的な観点からは、競合する他のグループによる検証ができないことは非常に深刻な問題である。イギリスとスペインを中心とするグループ（ANaIS）や日本のグループ（PICO-LON）が独自に NaI(Tl) を供給する業者を探して開発競争に名乗りを上げているが、現在（2014 年）のところ、DAMA/LIBRA の検証を直接できる NaI(Tl) 検出器はまだ完成していない。

一方で、他の検出器を用いた実験で DAMA/LIBRA の結果は否定されているという事実がある。Ge と Si を用いた CDMS、Ge をつかった CoGeNT や、Xe を用いた LUX、Xenon100 実験は DAMA/LIBRA よりもはるかに高い感度で WIMPs を探索した。Xe による実験では WIMPs の信号と思われる事象は検出されておらず、CDMS や CoGeNT では DAMA/LIBRA が主張する WIMPs の性質とは異なる信号を見つけたと主張して互いに譲らない。現在の WIMPs 探索に関するそれぞれの結果をまとめたものを図7.11 に示す。NaI(Tl) 検出器を用いた複数の検出器による検証が急がれる。

Xenon グループは Xenon100 と称した実験で 62 kg の液体キセノンを用いた宇宙暗黒物質探索を行った。彼らも LUX と同じく WIMPs の信号を見いだすことはできなかったが、最も高い感度で観測を行った。Xenon グループのほうが LUX よりもおよそ 1 年ほど早く結果を発表し、世界に衝撃を与えた。極めて低いバックグラウンドの測定に成功し、これまで WIMPs の信号ではないかという報告をすべて否定してしまった。

2017 年には、液体キセノンの質量を 1 t に増やした XENON1T という、さらに高感度の WIMPs 探索

実験を始めた。液体キセノンの総質量は 3.2 t であるが、優れた位置分解能によって、検出器の壁から発生するバックグラウンドを除去して低バックグラウンドを達成している。検出器の外層部で起こった事象は捨て去るため有効な質量は 1 t になるが、世界で最高レベルの低バックグラウンドの測定システムとなっている。2020 年の 6 月には、太陽から飛来するアキシオンの事象と考えられる現象を報告している。(http://www.xenon1t.org/)

7.8.3 日本・アジア

　日本では XMASS（Xe detector for weakly interacting MASSive particles または Xe MASSive neutrino detector）プロジェクトが大規模な実験を行っていた。LUX や Xenon100 とは異なり、XMASS では液体キセノンのみを用いて粒子弁別を行わずにデータを取っている。装置は岐阜県飛騨市の宇宙線研究所神岡宇宙研究施設の地下実験室に設置された。この実験室は太陽ニュートリノについて解説した Super Kamiokande のすぐ近くにある。図 7.10 は建設中の XMASS 検出器中心部である。検出器の色が赤褐色なのは、放射性不純物を含まない無酸素銅で検出器の入れ物などを作っているためである。

　XMASS の建設は 2010 年秋に終了し、835 kg の液体キセノンを使った高感度測定が 2013 年春から本格的に始まった。液体キセノンと WIMPs との相互作用によって発生する微弱な光は、640 本の光電子増倍管によって電流信号に変換され、データ収集システムに送られる。極めて低いエネルギーまで測定することに成功し、観測可能なエネルギーの最低値は電子換算エネルギーで 0.3 keV である。このため、軽い WIMPs に対しても高い感度を有し、7 GeV/c^2 の軽い WIMPs についても信号の有無を検討した。軽い WIMPs については Ge を用いた実験で信号の候補が報告されているため注目されているが、XMASS では他の Xe による実験と同様に信号と思われる事象は見つかっていない。地球の公転による季節変化についても、その存在を否定する結果を報告した。さらに大型の装置を開発することも検討していたが、前述の XENON 実験など、電離と蛍光の両方を使った実験が優れていると判断し、2018 年春に実験を終了した。

　他には多数のグループが独自の技術を駆使して新規の WIMPs 探索装置を開発している。筆者のグループは PICOLON(Pure Inorganic Crystal Observatory for LOw-energy Neutr(al)ino) という検出器を開発中である。これは DAMA/LIBRA に匹敵する高純度の NaI(Tl) 検出器を開発し、薄型かつ大面積の検出器によって WIMPs の相互作用を総合的に観測するプロジェクトである。2020 年時点で高純度の NaI(Tl) 結晶を製造する方法を確立し、WIMPs 探索に特に大きな障害となっていた ^{210}Pb の除去に成功した。

　神戸大学を中心とした NEWAGE（New generation WIMP search with an Advanced Gaseous tracker Experiment）は WIMPs の季節変化を調べる計画で、WIMPs の飛来方向を調べることができる装置を開発し、神岡の地下観測所で開発を進めている。液体アルゴンを用いて軽い WIMPs を探索する ANKOK グループ、原子核乾板という写真フィルムの原理を応用した放射線の軌跡を検出する装置で WIMPs を探索する NIT グループなど将来の WIMPs 探索計画が多数提案されている。

　アジアの他の国でも宇宙暗黒物質探索計画は活発に行われている。韓国では KIMS（Korea Invisible Mass Search）グループが CsI(Tl) 検出器を用いた WIMPs 探索を行っている。実験は韓国東岸の Yangyang にある揚水発電所施設の中に建設された地下実験室で行われている。彼らの実験はチェルノブイリ原発の事故以降に開始したことがあって、CsI に原発事故起因と思われる ^{137}Cs の混入がひどかった。

図 7.10 **XMASS 検出器の中心部**
小さな丸い板状のものは光電子増倍管のケース。光電子増倍管に接続されている白い電線によって高
電圧を供給し、電流信号を取り出す。写真は東京大学宇宙線研究所より提供。

しかし、原料の純度向上や周囲の環境整備に取り組んだ結果、開発開始から数年で ^{137}Cs のバックグ
ラウンドを除去することに成功した。WIMPs 探索の実験は 12 個の 8 cm×8 cm×30 cm の大きさを持つ
CsI(Tl) を使って 2009 年から 2012 年にわたって行われた。その結果、WIMPs によると考えられる信号
を見いだすことはできなかったが、DAMA/LIBRA が主張する季節変化の信号を一部否定したという報
告をしている。

KIMS グループはその後アメリカなどの多数の研究者と連携して COSINE という名称のグループを
立ち上げ、大容量かつ低バックグラウンドの NaI(Tl) 検出器を開発している。2018 年までに高純度の
NaI(Tl) 検出器を 106 kg 集めて長時間の低バックグラウンド測定を行っている。彼らは放射性不純物
の一種であるカリウム (^{40}K) の除去に成功した。天然のカリウム ($^{\rm nat}$K) には 0.0117% の割合で半減期
1.277×10^9 年という非常に長い半減期で β 崩壊または軌道電子捕獲で崩壊する。β 崩壊で発生する β 線
と、軌道電子捕獲で発生する γ 線および特性 X 線が宇宙暗黒物質の探索に対して深刻なバックグラウ

ンドになる。COSINE グループは NaI(Tl) 結晶に含まれる天然カリウムの濃度を数 ppb (1 ppb= 10^{-9} g/g) まで低減させることに成功した。低バックグラウンド測定の結果では、同様に深刻なバックグラウンド源となる ^{210}Pb の影響が大きく、DAMA/LIBRA の結果に比べて 2〜4 倍程度の高いバックグラウンドにとどまっている。

　台湾では TEXONO（Taiwan EXperiment On NeutrinO）グループが Ge を用いた WIMPs 探索を行っている。Ge の質量は 840 g で、信号波形の分析によって放射線の弁別を可能にしている。信号の立ち上がり時間（信号が出始めてから最も電圧が高くなるまでの時間）の違いによって Ge 結晶内における放射線の反応位置を特定し、表面付近で発生した事象をバックグラウンドとして除去することに成功している。表面付近の事象は、γ 線でも β 線でもエネルギーの一部を Ge 結晶に与えた後跳ね返って外に逃げてしまう事象が多い。

　これらの事象はあたかもエネルギーの低い事象であると判断されてしまうため、WIMPs の信号に対するバックグラウンドになってしまう。信号の波形を詳細に調べることで偽の事象を除去して低バックグラウンド測定を実現した。低エネルギー領域では電子換算エネルギーで 0.5 keV まで測定することに成功し、53.8 日間のデータで WIMPs の信号と比較した。その結果、有意な信号の候補は観測されなかったが、極めて高感度の測定により、DAMA/LIBRA、CoGeNT と CRESST が主張していた軽い WIMPs の信号の可能性を排除することに成功した。

7.9　宇宙暗黒物質探索の展望

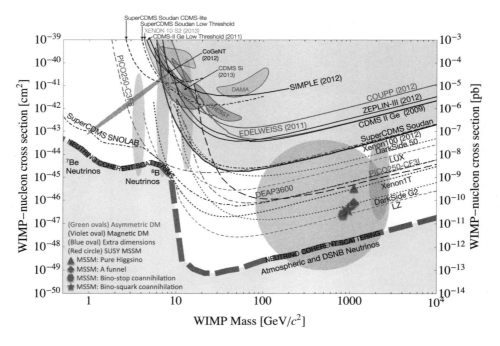

図 7.11　世界の実験グループによる WIMPs に対する感度
SNOMASS2013 年度のレビュー論文より。詳細は本文を参照のこと。

　図 7.11 に、これまで高い感度で WIMPs 探索実験を行ったグループによる感度を示す。図の縦軸は WIMPs と核子（原子核の構成粒子で陽子または中性子である）とのスピンに依存しない相互作用断面積を表している。縦軸の右側は pb の単位、左側は cm^2 の単位で表示している。単位の換算方法はすでに説明している。横軸は WIMPs の質量を表している。

　実線で描かれ上側が塗りつぶされている領域はこれまでに報告された実験結果を表し、点線は計画中の実験による予想感度を表している。$5 \sim 20$ GeV/c^2 の辺りに表示されている縦長の楕円、$100 \sim 1000$ GeV/c^2 の辺りに表示されている大きな円と縦長の楕円ならびに小さな三角、ひし形、星型や丸は SUSY などの理論によって予想される WIMPs の領域である。

　1980 年代後半から WIMPs の探索は活発に行われ、当初は比較的早いうちに見つかるのではないかと考えられてきたが現在も確定した信号は得られていない。世界の激しい競争により、探索感度はどんどん上がっていき、計画されている実験の中には太陽ニュートリノがバックグラウンドになってしまうような感度になっているものも出てきた。

　ここまで世界の宇宙暗黒物質探索実験に関する現状を紹介してきた。教科書において速報的な情報を紹介することはあまり好ましくないかもしれないが、この分野は激しく発展している活発な領域であるため、「ある程度確実な状況が固まってから」などという時期を待っているといつまでたっても教科書は書けない。というわけで、あえてここで紹介しておいた。本書で紹介した研究の他にも多数のグループが日々宇宙暗黒物質の発見を目指して努力を積み重ねている。最近では加速器実験によって超対称性理論の信号が見られないことから、関連する WIMPs の存在も疑問視する意見が出てきている。

　宇宙暗黒物質が有るにせよ無いにせよ、真理が明らかになるまで 1 つひとつ原因を明らかにして課題をクリアしていくことが大事である。これまでに多くの研究者が重ねてきた努力によって得られた真理であるならば、すべての失敗や間違いは貴重な努力として賞賛されるものになるのであろう。

付録 A

相対性理論入門

A.1　特殊相対性理論

　特殊相対性理論は高速で運動する物体の運動および高エネルギー状態の物体の性質を説明することができる理論である。高エネルギー、高速というのは我々が日常生活をしているうちにはまず出会うことがないであろうという状態である。そのような特異な状態であるから、当然計算によって予測される現象も日常生活の感覚からすれば特異極まりない現象ばかりである。読者の皆さんはぜひ想像力を最大限に発揮して相対性理論の不思議な世界を理解できるように頑張ってほしい。

　相対性理論の良書は世にたくさん出ているので、理論でバリバリやっているわけでもない実験屋が教科書を書く必要などない。詳しいことはすでに出ている良書を参照されたい。ここでは、本書の宇宙論の部分を読み進める上で必要最低限の項目を解説するに留める。

A.1.1　ガリレオの相対性原理

　相対性理論の前段階として、日常生活における相対運動をどのように数式化しているかを理解しておこう。日常生活の相対運動について理解できなければ相対性理論について理解できるわけがない。

　2 人の互いに運動する観測者 A と B が同じ物体の運動を観測するという場面を考える。A は地上に静止していて、B は地上を速さ v で運動しているとする。より一般的な議論をするならば、A と B のいずれとも独立に運動する物体について考えればよいのであるが、変数が多くなって面倒なので、B に固定された物体の運動について考えることにする。以降、A を基準として測定した変数にはなにもつけず、B を基準として測定した変数には変数に $'$ をつけることにする。したがって、A を基準とした位置座標は $\boldsymbol{r} = (x, y, z)$、速度ベクトルは $\boldsymbol{v} = (v_x, v_y, v_z)$、B を基準とした位置座標は $\boldsymbol{r}' = (x', y', z')$、速度ベクトルは $\boldsymbol{v}' = (v'_x, v'_y, v'_z)$ などと表記する。

　B に固定した物体を観測者 B が観測した場合、その位置は変動しない。そこで、物体が存在する位置を原点に取れば物体の位置は次のように表される。

$$\boldsymbol{r}'_{\mathrm{B}}(t) = (0, 0, 0) \tag{A.1}$$

この物体を A が観測するとどうなるであろう。その位置は B とともに移動していき、その速さは $\boldsymbol{v}_{\mathrm{B}}$ である。観測を始めた瞬間 ($t = 0$ sec) に物体は A からみて $\boldsymbol{r}(0) = (0, 0, 0)$ にあったとする。時刻 t における物体の位置は、B の移動とともに変化し、

$$\boldsymbol{r}(t) = \boldsymbol{v}_{\mathrm{B}} t \tag{A.2}$$

となる。ここで、時刻 $t = 0$ sec の時には A と B の位置座標が同じであったことに注意すれば、時刻 $t = 0$ sec で A から見た物体の位置を $\boldsymbol{r}(0) = (x(0), y(0), z(0))$ として、

$$\boldsymbol{r}'(t) = \boldsymbol{r} - \boldsymbol{v}t \tag{A.3}$$

となる。これがガリレオの相対性原理に基づく変換で、ガリレオ変換という。

A.1.2　光速度不変の原理

さて、A と B が互いに非常に速い相対速度で運動している場合を考えてみよう。例として、B の速さが光速度の 0.8 倍だったとしよう。その B から進行方向に向かって光を発した場合の光の速さはどうなるであろうか。ガリレオの相対性原理では次のようになる。B における光の運動は

$$\frac{dx'}{dt} = c$$
$$\frac{dy'}{dt} = 0 \tag{A.4}$$
$$\frac{dz'}{dt} = 0$$

ただし、光の進行方向を x 軸にとっている。この光を観測者 A が観測すると速さはどうなるだろう。式 (A.3) を用いると、

$$\frac{dx'}{dt} = \frac{d}{dt}(x - vt)$$
$$= \frac{dx}{dt} - v \tag{A.5}$$

したがって A が観測する光の速さ $\frac{dx}{dt}$ は

$$\frac{dx}{dt} = v + \frac{dx'}{dt}$$
$$= v + c \tag{A.6}$$

となる。通常の速度の加法定理である。座標変換の基本的な考え方は理解できたであろうか。

この法則を用いて地球の運動速度を求めようと試みたのが Michelson と Morley である。19 世紀の終わりまで、光は電磁波であることが明らかになっていた (電磁気学の Maxwell 方程式を復習しよう)。波を伝える物質の振動が伝播していくために波はある速度で進んでいく。そのことから、光も真空中に存在する何かの振動が伝わって進んでいくと考え、光を伝える媒質のことを ether(日本語ではエーテルと発音) と呼んだ。有機化学で登場するエーテルとは別のものである[1]。光の速さがエーテルを伝わる速さであるならば、地球とエーテルの相対速度を測ることは容易であるはずだ。19 世紀の終わりにはすでに地球が太陽の周りを秒速 30 km で回っていることはわかっていた。光の速さはおよそ秒速 30 万 km であるから、1 万分の 1 の精度で速度差を測定すれば十分に地球のエーテルに対する運動を調べることができる。

---

[1] Ether は現代インターネットに使われているイーサネット ethernet の語源でもある。Ether をエーテルと発音するのはドイツ風、英語ならイーサと発音したであろう。日本語はその当時にたくさん知識を吸収してきた外国語をそのまま外来語として取り入れたので、同じスペルでも異なる発音で呼ぶことが多い。

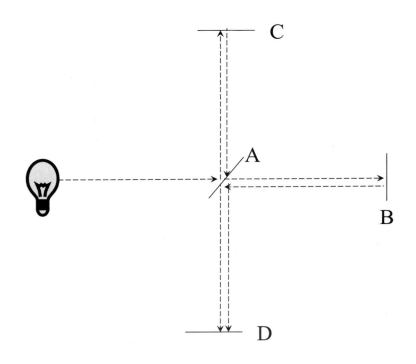

図 A.1　マイケルソン・モーレーの実験模式図

　図 A.1 に示すように、光源から発射された光の進路を A に設置したハーフミラー (光の半分を透過し、半分を反射する鏡) で 90° の角度で分割し、それぞれを B、C の鏡で反射させて再びハーフミラーで合流させる。ハーフミラーで合流した光の強度を D に設置した観測器で測定する。ハーフミラーと鏡 B、C、および観測器の距離はすべて同じ距離 L だけ離れて設置している。

　まず、この装置が静止していれば、直進した光と 90° 曲げられた光が通った道のりは変わらない。したがって両方向から来た光は互いに干渉して明るくなる。装置が A→B の方向に速さ V で運動している場合はどうなるであろうか。光源から発射された光が A のハーフミラーに着いたあと、直進する光は速さ V で逃げていく鏡 B を追いかけていく。そのため、直進した光が進む距離は $\frac{cL}{c-V}$ となる。B で反射した光が迫り来るハーフミラー A に達するまでに進む距離は $\frac{cL}{c+V}$ となり、ハーフミラー A に帰ってくるまでに光が進む距離を l_1 とすると

$$l_1 = \frac{2c^2L}{c^2 - V^2} \tag{A.7}$$

となる。

　一方、ハーフミラーで 90° 曲げられた光は、$t = \frac{L}{\sqrt{c^2-V^2}}$ で鏡 C に達する、C から A に戻る時間は同じになるので、ハーフミラー A から鏡 C で反射して A に戻るまでの時間 t_2 は、

$$t_2 = \frac{2L}{\sqrt{c^2 - V^2}} \tag{A.8}$$

となり、光が進む距離 l_2 は

$$l_2 = \frac{2cL}{\sqrt{c^2 - V^2}} \tag{A.9}$$

となる。経路の差によって光が進む距離の差 (光路差) は、

$$l_1 - l_2 = \frac{V^2 L}{c^2 - V^2} \tag{A.10}$$

となる。ここで、装置のエーテルに対する速さ V が光速よりも十分に小さいと仮定して近似計算を行った。具体的な速度としては、地球の公転速度と光速であり、これらを代入すると十分観測可能な光路差になる。そのため、装置を進行方向に対して 90° 回転させると光路差の関係が逆転するため干渉縞に変化が観測されることになる。

　実験に対する予測は上記のとおりであるが、その結果は当時の考え方からすれば不思議なものであった。つまり、装置をどの方向に回転させても干渉縞には変化が見られなかったのである。結論は地球は光を伝える媒質であるエーテルに対して静止しているということである。天動説が考えられていた時代であればともかく、地球は太陽の周りを公転しているとわかった後の時代である。もう一度地球が止まっていると考えることは無理があった。

　解決方法を考えたのは Lorentz と Fitzgelard で、l_1 が少し短くなると考えた。l_1 は装置の進行方向であるから、進行方向に物体が $1/\sqrt{1 - (V/c)^2}$ 倍だけ短くなるとすればよい。この方法は Michelson-Morley の実験結果をうまく説明することに成功したが、物体が進行方向に縮むという現象を説明する理論が存在せず、また、物体の硬さにかかわらず収縮率が一定という結論も奇妙なものであった。

　アインシュタインは、独自に電磁気学における電磁波の伝播とニュートンが確立したニュートン力学との融合を試みて Michelson-Morley の実験を説明することに成功した。彼は電磁気学の法則がある座標変換に対して不変であることに注目し、ニュートンの運動方程式にも同様の規則を要求した。その際に**真空中の光の速さは観測者の運動にかかわらず常に一定である**という仮定を設けた。これは光速度不変の原理で、相対性理論の根幹の 1 つである。

　もう 1 つ重要な原理は、**物理法則がすべての慣性系において同じである**というもので、相対性原理とよぶ。この原理は、慣性系同士の相対性を要求する限定的なものであるから特殊相対性原理というのが正しい。慣性系同士ではない座標系同士の変換について要求すると一般相対性原理というものになり、取り扱いが難しくなる。

A.1.3　Lorentz 変換

　アインシュタインは特殊相対性原理と光速度不変の原理を用いて、互いに運動する観測者 A と B の間に成り立つ座標変換を導き出した。導出は相対性理論の専門書に詳しく説明されているので省略し、ここではその座標変換である Lorentz 変換と、それによって得られるいくつかの重要な結論について解説する。まずは、重要な Lorentz 変換である。観測者 A と観測者 B がいて、互いに相対速度 V で運動しているとする。ガリレイ変換を考えた時には A は地上に静止していると考えた。これは地面が絶対的に静止した座標系であることを暗黙のうちに認めている。相対性理論では絶対静止系は存在せず、すべての観測者は他の運動をしている観測者に対して相対運動をしていると考える。これは、任意の観測者を中心にして物体の運動を観測することを許しており、計算を簡単にすることができる。

　絶対静止系があるとすればどれだけ話がややこしくなるか、簡単な例をあげてみよう。地球上のある

一点にいる観測者 A と A に対して速度 V で運動している観測者 B を考えてみる。地球は 1 日 1 周の速さで回転しており、その地球は 1 年 1 周の速さで太陽の周りを回っている。そして太陽は銀河系の中をいて座の方向に固有運動しており、銀河系は $\cdots$。これらすべての運動を考慮していくと、どこを原点にして物体の運動を考えなければならないのかわからなくなってしまうし、まったく現実的ではない。

相対性理論では任意の観測者を中心にすることができ、基準になった観測者に対して他の観測者や物体がどのような運動をしているかを考えるだけでよい。自分が観測者であるとすれば、常に自分が宇宙の中心にいると考えて計算できるわけで、自己中心的な理論であると言える。

さて、長い前置きはこれくらいにしてある物体を観測者 A が観測した時には (x, y, z, ct) に、同じ物体を観測者 B が観測すると (x', y', z', ct') にあるとしよう。時刻 $t = t' = 0$ の瞬間には両観測者 A と B は同じ位置にいたとする。時刻 $t \neq 0$、$t' \neq 0$ の時に観測者 A と B が観測する物体の位置関係は Lorentz 変換で表され、

$$ct = \frac{ct' + \beta x'}{\sqrt{1 - \beta^2}} \tag{A.11}$$

$$x = \frac{x' + \beta ct'}{\sqrt{1 - \beta^2}} \tag{A.12}$$

$$y = y' \tag{A.13}$$

$$z = z' \tag{A.14}$$

となる。ここで $\beta = V/c$ である。時間を ct としているのは (x, y, z) と単位を合わせるためである。また、観測者 B は A、B の座標系において x 軸方向に (B にとっては x' 軸方向) に運動していると仮定している。この仮定のおかげで y 方向、z 方向については考える手間が省ける。観測者 A と B を入れ替える。つまり、観測者 B を中心にして Lorentz 変換を作るには式 (A.11) から (A.14) を $'$ のついた変数について解けばよい。結果は式 (A.11) から (A.14) の (x, y, z, ct) を (x', y', z', ct') に入れ替え、V を $-V$ に入れ替えたものになる。相対速度は逆になるので $V \to -V$ の入れ替えは当たり前の話である。

Lorentz 変換では、時間に対する考え方が Galilei 変換の時代に比べて大きく変わっている。Galilei 変換では静止系も運動系も流れていく時間は共通であったが、Lorentz 変換では運動の状態によって時間の進み方が異なる。自分が持っている腕時計の進み方と、自分に対して動いている他人が持っている時計の進み方は異なるのである。日常生活の経験ではそのようなことは起こらないように感じられる。以降では相対性理論に見られる現象と、それがなぜ日常生活で実感できないのかについて紹介していく。

A.1.4 座標系の書き表し方

座標軸は全部で 4 つあるので、今まで考えてきた空間は 4 次元時空間である。デートで待ち合わせをするには 3 次元空間における位置情報 (駅前とか喫茶店とか) と時刻情報 (土曜日の 11 時ころとか) を決めなければならない。現象を完全に決めるには 4 つの位置情報が必要である[*2]。

難しいことを考えるには紙に書いて整理しながら考えを進めるとよい。しかし、4 次元空間を紙に描くことは至難の業である。なんといっても紙は 2 次元空間なので、縦と横しか表示できない。そこで、4 次元空間のうち 2 つだけを表示し、残りの 2 次元分は省略して紙に書き表すようにすることが多い。絵の上手な人は紙に立体を描く要領で 4 次元空間のうち 3 次元分を描いている。紙に座標軸を描くときに

[*2] 授業で「私たちは何次元空間にいるでしょう?」というクイズを出すと、2/3 くらいが 3 次元と答え、1/3 が 4 次元空間と答えている。時々「もっと多次元の空間にいる」と答える学生もいて、よく勉強しているなと思うことがある。

選ぶ軸は、2つだけを選ぶときは時間軸 ct と x 軸である。3つ選ぶときは時間軸 ct、x 軸と y 軸である。私は絵を描くのが上手ではないので、2つだけを選ぶ方法で座標軸を描いていくことにする。

手始めに、Galilei 変換によって表される時空の変換を図示してみよう。時刻 $t = 0$ の瞬間に静止している観測者 A と運動している観測者 B は同じ位置にいたとする。このことによって両者の座標原点を同じ場所に設定することができる。両者の座標原点が一致しなくても本質的な問題は一切変更されない。B系の座標軸が平行移動するだけで単に面倒になるだけなので、原点を一致させて考えておくほうがよい。

まず、静止系 A の座標は、x 座標と ct 座標が直行するように描く。それに観測者 B の座標系を重ねて描くには、観測者 B の x' 軸と ct' 軸を描けばよい。Galilei 変換の式 (A.3) において、x 軸の変換を見てみると

$$x' = x - vt \tag{A.15}$$

となる。また、時間に関しては、

$$t' = t \tag{A.16}$$

であることから、x' 軸は $t' = 0$ となる (x, t) の関係、t' 軸は $x' = 0$ となる (x, t) の関係をそれぞれ求めればよい。これらは簡単に解けて、

$$x = vt = \beta ct \tag{A.17}$$
$$t = 0 \tag{A.18}$$

となる。第1式が ct' 軸、第2式が x' 軸である。これを図示すると図 A.2 のようになる。

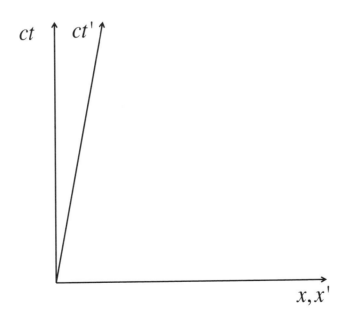

図 A.2 **Galilei 変換における A と B の座標系の相関図**

　これとまったく同様にして、Lorentz 変換の式から x' 軸と ct' 軸を計算から求めることができる。Galilei 変換との大きな違いは、x' 軸もその向きが変わってしまうことである。ct' 軸は、式 (A.11) と (A.12) を用いて ct' を消去した後 $x' = 0$ として x に関して解くと

$$\beta ct = x \tag{A.19}$$

となる。また、x' 軸については x' を消去した後 $ct' = 0$ として ct について解けば、

$$ct = \beta x \tag{A.20}$$

となる。これを図示すると図 A.3 のようになる。

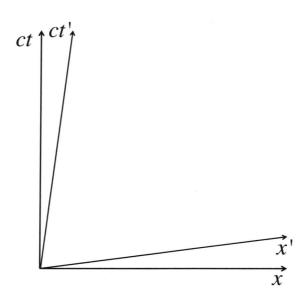

図 A.3　**Lorentz 変換における A と B の座標系の相関図**

　ct 軸と ct' 軸の角度および x 軸と x' 軸の角度は等しく、$\theta = \tan^{-1} \beta$ となる。このことからわかるように、$v \to c$ の極限では $\theta = 45°$ となり、ct' 座標と x' 座標が一致してしまう。
　座標系を描くことができたら、次は物体の運動を記述する方法が大事である。ある物体が観測者 A に対して速度 V で運動しているとすると、物体の位置は $x = Vt = V/c \cdot ct$ と表すことができる。これを (x, ct) の座標軸に表すと傾き c/V の直線で描かれる。このような物体の運動を表す図を世界線という。物体が静止していると傾きは $90°$ になり、物体が光速で運動するときには傾きが $45°$ になるように描く。時刻 $t = t' = 0$ に原点 $x = x' = 0$ から放出された光の進路は角度 $45°$ の直線で描かれる。
　出来上がった 4 次元時空について、距離を定義しておこう。(x, y, z) の 3 次元空間における距離 r は、

$$r^2 = x^2 + y^2 + z^2 \tag{A.21}$$

で表されることは中学校の数学で学んだはずである。相対性理論では、時間軸を加えた 4 次元時空の距離 s を考えなければならない。これは

$$s^2 = -(ct)^2 + x^2 + y^2 + z^2 \tag{A.22}$$

で定義される。時間に対する符号が空間に対する符号とは逆になっていることに注意しよう。3 次元空間において、式 (A.21) が成り立つ空間をユークリッド空間というのに対し、4 次元空間の式 (A.22) は形が似ているので疑ユークリッド空間という[*3]。または、この空間の性質を研究した H.Minkowski(1864-1909) にちなんでミンコフスキー空間という。ミンコフスキー空間の図では、原点からの距離が 0 になる場所が複数ある。ユークリッド空間の図ではよく知っているように x, y, z の各座標軸は一点で交わり、その一点を原点と称している。ミンコフスキー空間の時空図では、原点は式 (A.22) において $s = 0$ となる場所なので、

$$(ct)^2 = x^2 + y^2 + z^2 \tag{A.23}$$

を満たす領域になる。4 次元空間を頭でイメージすることは難しすぎるので、ここでも空間座標を x 軸だけにすると、

$$ct = x$$
$$ct = -x \tag{A.24}$$

となる。ミンコフスキー時空では原点は点ではなく面になる。空間座標を 2 次元 (x, y) で、時間座標を ct で表すとどうなるかは読者の演習にしてみたい。

物体の運動をミンコフスキーの時空図に描いてみよう。静止している物体は鉛直の直線になる。速さ V で運動する物体の、時刻 t における位置は、時刻 $t = 0$ において x_0 に存在したとすれば $x = x_0 + Vt$ という式で表される。縦軸を ct になるように書き換えると、

$$ct = \frac{c}{V}(x - x_0) \tag{A.25}$$

となり、$45°$ よりも急な傾きの直線になる。物体の運動は時空図の中で線状に記述され、その線を世界線と呼ぶ。

ミンコフスキーの時空図を読む時の注意は、座標目盛りの間隔である。多くの書物では明示されていないので誤解されていることが多いかもしれないが、静止系 (x, ct) と運動している系 (x', ct') とでは、1 目盛り（いわば 1 m）の長さが異なる。これは図を記述するときだけの変化なので、後で説明する距離の短縮とか時間の短縮とは意味が異なる。

A.1.5 同時刻の相対性

2 つの無関係な事象が同時に起こるという現象について考えてみよう。すこし離れた A 点と B 点で同時に赤ちゃんが誕生したとする。A 地点、B 地点に対して静止している人が観測した場合、この 2 人の赤ちゃんは同時に産まれたと判定するであろう。ところが、この 2 人の赤ちゃんに対して速さ v で運動している別の人にとっては、片方の赤ちゃんが先に誕生しているように見えるのである。これは目の錯覚とかいう問題ではない。

これは「同時の相対性」と呼ばれる有名な現象である。なぜこのような事が起こるのか、それは座標図を描けばすぐにわかる。図 A.4 において、A、B 両者に対して静止している人が観測する時間と空間

[*3] 似ているのは見た目の形だけである。実際には大いに異なる空間なので、図の読み方には注意が必要である。

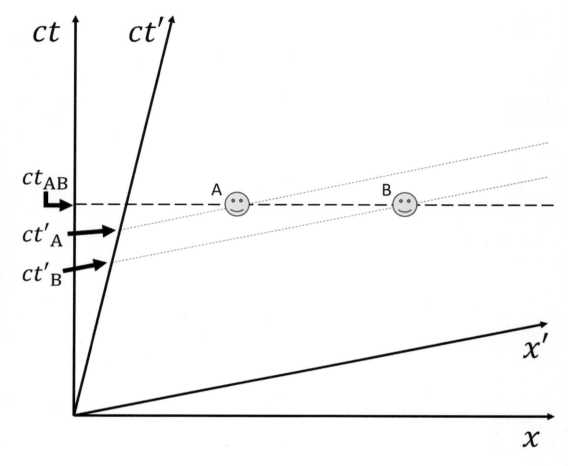

図 A.4　**A と B 地点で誕生した子どもの時空図**

の関係は ct と x である。A と B が誕生した時刻 t は、A、B それぞれから x 軸に平行な直線をひき、その直線が ct 軸に交わった位置である。図に示す通り、A、B ともに同じ点で ct 軸に交わっているため、静止している人は A と B が同時に誕生したと観測する。

　A、B に対して速さ v で運動する人が同じ現象を観測するときの様子を図から読み取る方法は次のとおりである。A、B が誕生した時刻 t' は、A および B から x' 軸に平行な直線をひき、それぞれが ct' 軸と交わる点である。図 A.4 から明らかなように、B のほうが A よりも早く産まれているように観測される。つまり、2 つの無関係な現象が同時に起こったかどうかはその現象を観測する観測者の運動によって変わるのである。これを同時の相対性という。

　注意すべきことは、2 つの現象に関係がある場合である。ある現象が起こり、その現象が原因となって次の現象が引き起こされる場合には、それらの現象の順序は変更されないことである。これは因果律という法則で、ある現象（結果）が起こるきっかけ（原因）はかならず結果よりも前に起こるという法則である。物騒な例で申し訳ないが、静止している系において C と D が同時に銃を発砲し、E が殺害されたという例を考える。真に E を殺害したのは C、D のどちらか。これは C、D、E に対して運動する系か

ら観測してみると解決できる。C と D が発砲したタイミングは変化するが、E が殺害されるタイミング
は必ず真犯人の発砲後になる[*4]。

A.1.6　距離の短縮

　ある観測者 S が、観測者に対して静止している棒の長さを測定したところ l_0 であったとする。この棒
を観測者 S に対して速さ v で運動させ、その長さを観測するとどうなるか。Lorentz 変換から計算のみ
で結果を求めてみる。観測者 S からみた棒の両端の点の座標を A (ct, x_A) および B (ct, x_B) と定義する。
観測者 S からみた棒の長さは A と B の位置ベクトルの差であり、$(0, x_B - x_A)$ となる。

　棒とともに運動している観測者 S' が測る棒の長さは、S' にとって同時刻 ct' における棒の両端 A
(ct', x'_A) と B (ct', x'_B) の差になり、$(0, x'_B - x'_A)$ となる。S' は棒に対しては静止しているので、棒の長
さは l_0 となるので

$$x'_B - x'_A = l_0 \tag{A.26}$$

となる。観測者 S との違いを比較するには x' と x の変換を行えばよい。

$$
\begin{aligned}
x'_B - x'_A &= \frac{(x_B - \beta ct) - (x_A - \beta ct)}{\sqrt{1 - \beta^2}} \\
&= \frac{x_B - x_A}{\sqrt{1 - \beta^2}}
\end{aligned}
\tag{A.27}
$$

これより、

$$x_B - x_A = l_0 \sqrt{1 - \beta^2} \tag{A.28}$$

このように、速さ v で運動する棒の長さを観測すると、その長さは $\sqrt{1 - \beta^2}$ 倍に縮んで見えることに
なる。

　この事実は宇宙線のミュー粒子について顕著に現れている。ミュー粒子は電子の約 200 倍の質量を持
つ素粒子で、平均寿命 2.2 μsec で崩壊する。ミュー粒子は地球大気に入射した高エネルギー宇宙線の反
応によって作られた π^+ または π_- 中間子の崩壊に伴って発生する。発生する位置は地上約 100 km の
上空であり、たとえミュー粒子が光速で飛んだとしても地上に到達するまでに約 333 μsec が経過するた
め、ミュー粒子はほとんど地上に到達しないはずである。ところが現実には地上で 1 m^2 あたり 1 秒に
100 個以上のミュー粒子が到達している。この現象は距離の短縮によって説明すると非常にすっきりと
解決する。

A.1.7　時間の短縮

　観測者 S に対して速さ v で運動する系にいる観測者 S' が測る時間はどのようになるであろうか。これ
も S' 系の時間差を考えてそれを Lorentz 変換してみればよい。S' 系に対して静止している時計の指示値
を t'_A とし、次に時刻を計測した時の時計の指示値を t'_B とすればその時間差は $t'_B - t'_A$ となる。

[*4] この例では後か先かということで真犯人を決めているが、人に向かって銃を撃っている時点でよくないことであることは確
　かである。最終的に死因とならなかった方が罪に問われないわけではない。

このとき、静止している観測者 S が持っている時計の指示値は Lorentz 変換より

$$ct'_B - ct'_A = \frac{ct_B - \beta x_B}{\sqrt{1-\beta^2}} - \frac{ct_A - \beta x_A}{\sqrt{1-\beta^2}}$$

$$= \frac{ct_B - ct_A}{\sqrt{1-\beta^2}} - \frac{\beta(x_B - x_A)}{\sqrt{1-\beta^2}}$$

$$= \frac{ct_B - ct_A}{\sqrt{1-\beta^2}} - \frac{\beta^2(ct_B - ct_A)}{\sqrt{1-\beta^2}}$$

$$= \sqrt{1-\beta^2}(ct_B - ct_A) \tag{A.29}$$

ここで、$x_B - x_A = v(t_B - t_A) = \beta c(t_B - t_A)$ を使った。このように、観測者に対して運動している系の時計は $\sqrt{1-\beta^2}$ 倍の速さで進むように見える。つまり、時計が遅れて進むのである。

運動している時計の進みが遅れることにより、有名な双子のパラドックス（矛盾）が起こる。これは、地球上で産まれた双子の片方が高速の宇宙船に乗って旅をする物語である。このパラドックスの真の意味はこうである。地球に滞在した方の双子の片方の子に比べて宇宙船で旅をした方の子の時計は遅れて進むという。

しかし、運動は互いに相対的であるから宇宙船に乗っている方から見れば地球のほうが運動しているわけで、地球の時計のほうが遅れて進む。したがって、宇宙船が帰ってきた時に互いに相手の時計が遅れていると主張することになるという矛盾である[*5]。双子のパラドックスに対する明快な解説は内山龍雄氏の教科書でなされているので、それを読んで頂きたい。

簡単にまとめてしまえば、時間の遅れは宇宙船が引き返す時の加速により宇宙船の時計が遅れる現象が起こるのである。これは一般相対性理論で説明できるという解答が最も厳密であるが、一般相対性理論を知らなくてもミンコフスキーの時空図を正しく描くことができれば宇宙船が引き返すときに地球の時間が急激に進むことが理解できる。したがって、双子のパラドックスはパラドックスではないことがわかる。

現実的な応用例は、距離の短縮で説明したミュー粒子の運動である。先の例ではミュー粒子の立場にたって考えていたので、ミュー粒子の寿命は変わらず、ミュー粒子が飛行する距離の短縮で解決していた。一方地上で観測している者にとってはミュー粒子の時間の進み具合が遅くなっているように計測することになる。したがって地上の観測者から見たミュー粒子の寿命は 2.2 μs よりも長くなっているようにみえるため、地上まで到達するのである。

A.1.8　速度の合成

プロ野球のピッチャーが投げるボールの速さは最速で時速 160 km 程度であるが、このスピードよりももっと速い豪速球を誰もが簡単に投げることができる。それは新幹線に乗って進行方向に向かってボールを投げればよい。新幹線の速さは最速で時速 320 km だから誰も打つことができない超豪速球を投げることができる[*6]。

しかし、もっともっと速いロケットに乗ったとしてもそのロケットから進行方向に向かって飛ばした光の速さは光の速さを超えないのである。これはどういうことであろうか。速度の合成を Lorentz 変換

[*5] この文章を読んで何を言っているかわからないようでは相対性理論を理解しようということはまず不可能である。もっと難しい文章をたくさん読んで読解力を鍛えてほしい。

[*6] 乗客の皆さんに大変迷惑になりますので絶対に実行しないように。

を行いながら考えていきたい。

　静止系 S に対して速さ V で運動している系 S' から進行方向に向かって速さ u の物体を打ち出した。S' 系で観測した物体の速さ u' は次のように表される。

$$u' = \frac{dx'}{dt'} \tag{A.30}$$

同じ物体を S 系で観測した時の速さを

$$u = \frac{dx}{dt} \tag{A.31}$$

として Lorentz 変換によって静止系 S から見た物体の速さを求めてみる。ここで式 (A.31) に

$$dx = \frac{dx' + \beta cdt'}{\sqrt{1 - \beta^2}} \tag{A.32}$$

$$cdt = \frac{cdt' + \beta dx'}{\sqrt{1 - \beta^2}} \tag{A.33}$$

を代入すると、

$$
\begin{aligned}
u &= \frac{dx' + \beta cdt'}{dt' + \frac{\beta}{c} dx'} \\
&= \frac{\frac{dx'}{dt'} + \beta c}{1 + \frac{\beta}{c} \frac{dx'}{dt'}} \\
&= \frac{u' + V}{1 + \frac{Vu'}{c^2}}
\end{aligned} \tag{A.34}
$$

となる。ここで、u'、V の大きさがいずれも光速 c よりも小さい場合、かならず合成された速さ u は c よりも小さくなる。また、u' または V のいずれかが光速 c になると合成された速さは c になってしまう。このことから、どんなに速い乗り物に乗ってどんなに速く物体を飛ばしてもその物体の速さは光速 c を超えることはできないことがわかる。

A.1.9　エネルギーと運動量

　相対性理論における物体の運動方程式は、Lorentz 変換に対して不変でなければならない。Newton の運動方程式

$$m_0 \frac{d^2\boldsymbol{r}}{dt^2} = \boldsymbol{F} \tag{A.35}$$

は、Lorentz 変換に対して不変ではない。これを Lorentz 変換に対して不変にし、相対論的な運動を記述できる運動方程式にするには、時間を

$$\tau = t\sqrt{1 - \beta^2} \tag{A.36}$$

と書き換えて

$$m_0 \frac{d^2\boldsymbol{r}}{d\tau^2} = \boldsymbol{F} \tag{A.37}$$

とすればよい。τ は固有時という物理量で、運動する物体に固定した時間の経過を表す。先に解説したように時間の流れは系の運動に固有のものであるから、運動方程式に現れる時間は固有時を用いて表さなければならない。

　きちんとした相対性理論の教科書であればこのあと運動方程式について解説し、4 元力などについても解説するのであろうが、ここでは省略する。本書および関連する素粒子・原子核物理学で必要なのはエネルギーと運動量の関係である。

　まず、時空間をまとめた 4 次元座標の表し方について簡単に解説する。相対性理論の習慣では、時間を第 0 成分とし、残りの空間を第 1 から第 3 成分として次のように表す。

$$(ct, x, y, z) = (x^0, x^1, x^2, x^3) \equiv x^\mu \tag{A.38}$$

変数の右上に小さな数字がついているが、これはべき乗を表すものではないことに注意しよう。いちいち添字をつけて計算を全部書きだすと面倒である。そこで添字の数字を文字で置き換え、x^μ とか x_ν などと表記する。添字の上下の違いについては後で解説する。

　運動量について、Newton の運動方程式風に方程式を作ると

$$\frac{dp^\mu}{d\tau} = F^\mu \tag{A.39}$$

となる。ここで、

$$m_0 \frac{dx^\mu}{d\tau} = p^\mu \tag{A.40}$$

は 4 元運動量である。p^μ の 4 成分のうち、(p^1, p^2, p^3) は空間成分で質点の運動量である。第 0 成分は

$$p^0 = \frac{m_0 c}{\sqrt{1 - \beta^2}} \tag{A.41}$$

となり、これに光速 c をかけたものは

$$cp^0 = \frac{m_0 c^2}{\sqrt{1 - \beta^2}} \tag{A.42}$$

である。これが質点がもつ全エネルギーである。相対論による質量の定義は運動量から次のように表される。

$$p_\mu p^\mu = -m_0^2 c^2 \tag{A.43}$$

式 (A.42) と式 (A.43) から、質点の全エネルギー E と運動量の関係

$$E = \sqrt{m_0^2 c^4 + p^2 c^2} \tag{A.44}$$

式 (A.44) において、物体が静止している時を考えてみる。その場合 $p = 0$ であるから

$$E = m_0 c^2 \tag{A.45}$$

になる。相対性理論では物体が静止しているときにも質量に応じてエネルギーを持つと考え、それを静止エネルギーとした。元来、エネルギーの基準値は自由であり、力学の計算においても位置エネルギーの基準点は計算がしやすいように設定するのが普通である。アインシュタインは、相対性理論を作るときにエネルギーの絶対的基準を決めたのである。静止している物体がエネルギーを持つということと、そのエネルギーが質量に比例するということから非常に興味深い現象が説明できるようになった。放射能および原子力エネルギーの源は質量エネルギー $E = m_0 c^2$ の変化によって説明される。

A.1.10　質量エネルギーの利用

$E = m_0 c^2$ という公式から原子核反応によってやり取りされるエネルギーが説明できる。注意すべきことは、質量 m をすべてエネルギーに変換するためには同量の反物質が必要で、通常の原子核反応、素粒子反応では質量がすべてエネルギーに変換される現象は起こらない[*7]。具体的に説明してみよう。体重 60 kg の人が持つ質量エネルギーは

$$60 \text{ kg} \times (3 \times 10^8 \text{ m/sec})^2 = 5.4 \times 10^{19} \text{ J}$$

となり、きわめて大きなエネルギーを持っているが、これだけのエネルギーを発生させることはできないのである。

　質量エネルギーを外部に取り出す実例は本書で解説している核融合エネルギーである。恒星内部において陽子がヘリウムに変換される過程で反応前と反応後の質量差に応じたエネルギーが γ 線として放出され、恒星の熱源になるのである。まずは説明よりも計算してみるほうが理解を得やすいであろう。陽子が 2 個核融合して重陽子に変換する反応の反応式は下記のとおりである。

$$p + p \to d + e^+ + \nu_e \tag{A.46}$$

この核融合反応によってやり取りされるエネルギーは質量エネルギーを計算すればよく、反応前後の素粒子がもつ質量にそれぞれ光速 c の 2 乗をかけたものを用いて計算できる。反応前は陽子が 2 つなので、その質量エネルギーの合計は

$$\begin{aligned} 2 m_p c^2 &= 2 \times 938.272 \text{ MeV}/c^2 \times c^2 \\ &= 1876.544 \text{ MeV} \end{aligned}$$

となる。反応後の d と e^+ の質量はそれぞれ 1875.612 MeV$/c^2$、0.511 MeV$/c^2$ である。電子ニュートリノの質量は軽すぎるので無視しておいてよい。これらの値を用いると、反応によって放出されるエネルギーは 0.421 MeV になる。全質量エネルギーのうちわずか 4500 分の 1 しか外部に放出されないことがわかる。

A.1.11　反変ベクトルと共変ベクトル

　Lorentz 変換は座標変換の一種である。ベクトルや後述するテンソルは、座標変換のしかたによって 2 種類に分類される。座標変換とはいわばものさしの目盛の間隔を変更するということである。例としてはセンチメートルの目盛が刻まれているものさしで測ったものをインチの目盛が刻まれているものさしで図る場合である。この場合、目盛の間隔はセンチメートルからインチに変わるときに 2.54 倍に大きくなるが、目盛の読みは 2.54 分の 1 になってしまう。たぶんわかると思うのでくどいようだが、2.54 cm のものが 1 インチに変わるということである。これは、位置ベクトルの成分 (x, y, z) が (x', y', z') に変換される時に次のように変換されることを意味する。

$$x' = \frac{\partial x'}{\partial x} x \tag{A.47}$$

[*7] このように説明しても話がややこしいので講義でしっかり説明を聴いてほしい。この教科書を用いてくださる先生は、このへんの話をきっちりと説明して頂きますようお願いいたします。

同様に、一般のベクトル A についても座標変換が

$$A' = \frac{\partial x'}{\partial x} A \tag{A.48}$$

という形になる。このような変換規則に従うベクトルを反変ベクトル (contravariant vector) と呼ぶ。

反変ベクトルとは逆に、目盛の間隔とともに測定量も同じように変化するベクトルを共変ベクトルという。この変換規則は

$$B' = \frac{\partial x}{\partial x'} B \tag{A.49}$$

となる。

ここまでの話では、位置ベクトルは (x, y, z) 時間は t という記号を用いてきたが、面倒なので

$$
\begin{aligned}
ct &= x^0 \\
x &= x^1 \\
y &= x^2 \\
z &= x^3
\end{aligned}
$$

$$\tag{A.50}$$

と書き表すことにし、一般的に添字をギリシャ文字で表して x^μ などと表すことにする。ここで、反変ベクトルの場合は添字を上に、共変ベクトルの場合は添字を下につけるというように約束する。

A.2 一般相対性理論

特殊相対性理論では、慣性系同士の運動についてその関係を表す方法を示した。今更ではあるが、慣性系とは物体に外力が働かない場合にはその物体は等速直線運動をする系である。静止している物体は速度 0 m/sec の等速直線運動であることも注意しておこう。

我々が日常生活をしている地上は慣性系であろうか。厳密に言えば答えはノーである。物体を支えることをやめればその物体は重力加速度 g で加速しながら落下していく。地球上にいる我々は地球による強い引力に支配された重力場にいるのである。ロケットに乗って地球から脱出したならばどうなるであろうか。地球の重力から開放されて無重力の空間にいる宇宙飛行士はフワフワと宇宙船内や宇宙空間を漂っている。

しかし、ここでよく考えてみてほしい。いま例に挙げた宇宙飛行士について考えてみれば、ニュースでよく見る光景は国際宇宙ステーションで展開されている事象で、これは地上からせいぜい 200 km しか離れていないのである。たかが 200 km 離れただけで地球の強い重力圏から脱出できるわけがない。また、もっとよく考えてみれば地球は太陽の重力に支配されて 1 年で 1 周するように太陽の周りを回っている。太陽による重力は地球を引き止めることができるわけで、地球よりももっともっと強力である。

では、なぜ宇宙飛行士や国際宇宙ステーションは太陽の重力によって太陽に落ちて行かないのか。そして、宇宙ステーションの付近はあたかも慣性系であるかのように見える。地球や太陽の重力圏内にあるにもかかわらず、慣性系の中にいるように見えることは、実は重要な原理「等価原理」がそこに潜んでいるからである。

A.2.1 等価原理

等価原理は一般相対性理論を理解するために最も重要な原理である。一般相対性理論ではそれに加えて等価原理が要求されるのである。等価とはある複数の物理量が等しいことを要求している。それは運動方程式に現れる質量である。地球上にある質量 m の物体に力 F が働いている場合の運動方程式を確認してみよう。

$$m\frac{d^2x}{dt^2} = F \tag{A.51}$$

この運動方程式に現れる質量の意味をよく考えてもらいたい。力学で学習していると思うが、上に書いたニュートンの運動方程式は力学の重要な法則である「慣性の法則」を式に表したものである。慣性の法則は「物体の加速度は物体に働く力に比例する」という法則で、比例係数 m は物体に働く力と加速度との間に成り立つ比例関係を表す比例定数なのである。言い換えれば m が大きいほど物体を動かしにくくなるということである。ニュートンの運動方程式に現れる m は、したがって慣性質量 (intertia mass) と呼ばれる。次にでてくる重力質量との区別をするために、慣性質量を m_I と表すことにしよう。

つぎに、式 (A.51) の右辺について考える。地表を飛んでいる物体には空気抵抗を無視すれば地球の重力のみが働く[*8]。地球の重力による加速度を g とすれば重力の大きさは

$$F = -mg \tag{A.52}$$

となる。これは式 (A.51) とは少し意味が異なることに注意してほしい。式 (A.52) の意味するところは地球の重力が物体の質量に比例するということである。g は地球の重力 F と物体の質量 m との間に成り立つ比例関係を表す比例定数である。偶然 g の単位が加速度と同じ単位になっているので「重力加速度」と呼ばれているが、奥深いところの意味ではニュートンの運動方程式 (A.51) の左辺とは意味が異なる。式 (A.52) で登場する m を混乱防止のため m_G と表し、重力質量と呼ぶことにすれば、重力質量はその物体にはたらく重力の強さを表す物理量であると言える。

慣性質量と重力質量をただしく区別してもう一度ニュートンの運動方程式を書いてみよう。

$$m_\mathrm{I}\frac{d^2x}{dt^2} = -m_\mathrm{G}g \tag{A.53}$$

ここで慣性質量と重力質量を厳密に区別した理由はすでに説明したとおりである。両者の間に何らかの相関関係はあるのだろうか。結論は「大有り」である。なんと慣性質量と重力質量は等しいのである。両者の定義はまったく異なる、由来がまったく異なる 2 つの物理量が常に同じ値を持つことをアインシュタインは原理に格上げし、「等価原理」と呼んだのである[*9]。

等価原理が一般相対性理論、すなわち重力の理論で要求される理由をこれから考える思考実験で検証してみる[*10]。一般相対性理論のはじめに紹介した宇宙ステーションの例は少し面倒なので、もっと単純なモデルを用いて思考実験を行おう。密閉されて外部が見えないエレベーターに乗って、慣性質量 m_I、重力質量 m_G の物体の運動を観測する。エレベーターが地球に対して静止しているならば物体には $m_\mathrm{G}g$

[*8] お願いだから、飛んでいく方向に向かって力が働くなどと答えないでほしい。

[*9] 原理であるから証明の必要はない。このことで文句をつける人もいるようであるが、多くの精密な実験でこの原理を破るような事実は観測されていない。

[*10] 相対性理論や宇宙論の話ではこれからたくさんの思考実験が行われる。これは実際に実験をすることが極めて難しいからやむを得ない事情によるものである。読者の皆さんは必死になって思考実験を正しく進めていくよう修行してほしい。

の重力が働いて等加速度運動によって落下する現象が観測される。エレベーターを地上から観測した場合に加速度 a で落下している場合にはどうなるであろうか。エレベーター内部の座標 x' とそれを地上で観測した際の位置 x との関係は

$$x' = x + \frac{1}{2}at^2 \tag{A.54}$$

となる。エレベーター内部の物体に関する運動方程式を書くには式 (A.53) に式 (A.54) を代入すればよい。つまり、

$$m_I \frac{d^2 x'}{dt^2} - m_I a = -m_G g \tag{A.55}$$

$$m_I \frac{d^2 x'}{dt^2} = m_I a - m_G g$$

となる。エレベーターの加速度 a をうまく調整すると物体の加速度は 0 になり、重力の影響を打ち消すことができる。宇宙ステーションで起こっている状況を創りだすことができるのだ[*11]。このとき運動方程式の左辺は 0 になるため、次の関係が成り立つ。

$$m_I a = m_G g \tag{A.56}$$

この関係式は、エレベーターの中にあるすべての物体に対してまったく同じであることが観測から明らかになっている。思い返せば慣性質量と重力質量との間には定義上には何の関係もない。したがって宇宙ステーションのある宇宙飛行士に対して式 (A.56) が成り立ったとしても別の異なる体重の宇宙飛行士や、宇宙飛行士とは異なる物質でできているいろいろな装置に対しても、同じように式 (A.56) が成り立つとは限らないはずである。実際には宇宙ステーションの内部はすべて無重力空間になっているので、この例のエレベーター内部においても同じことが成り立つはずである。

　アインシュタインはこの事実は重要な意味をもつと考えた。**一様な重力場において、ある系に適切な加速度を与えることでその系に働く重力を打ち消すことができる。** この文章には 2 つの事実が含まれている。1 つ目は、「物体に働く重力と加速度による力は区別できない」こと。もう 1 つは、「系の加速度を適切に設定することで狭い領域を無重力空間にすることができる」ということである。「狭い領域」は検討すべき現象によってさまざまな広さを持ちうる。先程から例に挙げているエレベーターや宇宙ステーションはその例である。この狭い領域のことを**局所慣性系**もしくは**局所ローレンツ系**と呼ぶ。例えば地球のような小さい領域でも南極と北極では重力の方向が逆なので、ある加速度系を設定して両方の重力を打ち消すことはできない。このため南極と北極は同一の局所慣性系には属しない。一方、太陽を中心とした重力場においては月に働く太陽の重力と地球に働く太陽の重力は同一であると考えられる。そのため太陽を基準とした場合には地球と月は局所慣性系に属するということができる。

A.2.2　光の進路について

　エレベーターを用いた思考実験に戻ろう。重力場を自由落下するエレベーター内の床面から高さ x'_0 の位置から床面に平行に光を発射する。エレベーターの内部では重力の効果を打ち消すように加速度が調整されているので、内部の座標系は慣性系になっている。慣性系においては特殊相対性理論が成り立つ

[*11] 実際に宇宙ステーションは地球に落下し続けている。ただし、同時に地面に対して平行に秒速約 17km という猛スピードで運動していることと、地球が球形であることから地面には落下しないのである。

ため、光は光速 c で直進する。したがって、エレベーター内の観測者は光が直進し、向かい合う壁面との距離を光速で割った時間 (t_0' としておこう) で向かい側の壁に到達する現象を観測するだろう (図 A.5)。

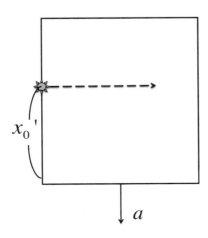

図 A.5　自由落下するエレベーターの内部で光の観測をする

　同じ現象を地上にいる別の観測者が観測するとどうなるだろうか。光が向かい側の壁に到達するまでの間にエレベーターは

$$\frac{1}{2}at^2 \tag{A.57}$$

の距離を落下する。光が向かい側の壁に到達する位置はエレベーターの中にいても外にいても変わることのない位置であるから、光はエレベーターの落下とともにその位置を下げ、もとの高さから式 (A.57)だけ下がった位置までその進路を曲げて運動することを観測する。

　つまり、光が直進せずに曲がることによって観測者が重力場にいることを確認するわけである。光が曲がるということは、光の速さが変化することをも意味する。光は 2 点間を到達時間が最も短くなる経路を選んで進む性質をもっている。そのため、光の速さが遅くなる領域を通過する距離が短くなり、光は屈折する。重力場において光が曲がるということは、強い重力によって光の速さが遅くなるということを意味する。ブラックホールの境界面では光の速さが 0 になってしまい、そのため光が遠方の観測者に届かないのである。

A.3　計量テンソルによる空間の記述

　ここでは 4 次元距離が重力場によってどのように表されるかについて考えてみる。はじめに特殊相対論で紹介した距離について考える。前節では時間を t、空間を x, y, z で表していたが、今後面倒になるので

$$(ct, x, y, z) = (x^0, x^1, x^2, x^3) \tag{A.58}$$

と表すようにする。さらに添字を μ で表すことで時空座標を x^μ と表すことにする[*12]。2 点間の不変距離 (Lorentz 変換で不変という意味) は

$$ds^2 = -(x^0)^2 + \sum_{i=1}^{3} x^\mu x^\mu \tag{A.59}$$

と書き表すことができるが、これを

$$ds^2 = \eta_{\mu\nu} x^\mu x^\nu \tag{A.60}$$

と書くことによっていろいろ面倒な式を簡単に書き表すことが可能になる。

式 (A.60) を行列を用いて表すと次のようになる。

$$ds^2 = (x^0, x^1, x^2, x^3) \begin{pmatrix} -1 & 0 & 0 & 0 \\ 0 & 1 & 0 & 0 \\ 0 & 0 & 1 & 0 \\ 0 & 0 & 0 & 1 \end{pmatrix} \begin{pmatrix} x^0 \\ x^1 \\ x^2 \\ x^3 \end{pmatrix} \tag{A.61}$$

式 (A.61) に出てきた行列を見てみると、非対角要素はすべて 0 になっており、このことから座標軸のそれぞれは独立であることがわかる。また、対角要素の絶対値はすべて 1 であることから各座標軸の目盛り間隔は同じであることがわかる。つまり x 軸方向に 1 m 進む場合と y 軸方向に 1 m 進むことは同じ距離を移動することになる。

実は $\eta_{\mu\nu}$ は空間の性質を記述する重要なパラメーターである。特殊相対性理論の中では $\eta_{\mu\nu}$ と表されるが、一般相対性理論の中では $g_{\mu\nu}$ と表記する習慣になっている。$\eta_{\mu\nu}$ は定数であるが $g_{\mu\nu}$ は位置 x の 10 個の関数として表される。

A.4　歪んだ空間の表し方

空間の歪み具合は曲率によって表すことができる。詳しい説明は一般相対性理論の教科書をよく読んでいただくことにして、ここでは空間の曲率を表すスカラー曲率 R とリッチテンソル $R_{\mu\nu}$ について紹介する。スカラー曲率 R は

$$R = g^{\mu\nu} R_{\mu\nu} \tag{A.62}$$

で表される。ここで $g^{\mu\nu}$ は計量テンソルで、空間の曲がり具合によってさまざまな値をとる。リッチテンソルは

$$R_{\mu\nu} = \frac{\partial}{\partial x^\nu} \left\{ \begin{matrix} \lambda \\ \mu\lambda \end{matrix} \right\} - \frac{\partial}{\partial x^\lambda} \left\{ \begin{matrix} \lambda \\ \mu\nu \end{matrix} \right\} + \left\{ \begin{matrix} \lambda \\ \sigma\nu \end{matrix} \right\} \left\{ \begin{matrix} \sigma \\ \mu\lambda \end{matrix} \right\} - \left\{ \begin{matrix} \lambda \\ \sigma\lambda \end{matrix} \right\} \left\{ \begin{matrix} \sigma \\ \mu\nu \end{matrix} \right\} \tag{A.63}$$

という式で表される。ここで、{} で囲まれた記号は Christoffel の三指記号と呼ばれ、

$$\left\{ \begin{matrix} k \\ ij \end{matrix} \right\} = \Gamma^k_{ij} \equiv \frac{1}{2} g^{kl} \left(\frac{\partial g_{lj}}{\partial x^i} + \frac{\partial g_{li}}{\partial x^j} - \frac{\partial g_{ij}}{\partial x^l} \right) \tag{A.64}$$

で定義される。Christoffel の三指記号はテンソルではないことに注意しておこう。

[*12] 変数の番号を表す上付き添字と 2 乗、3 乗などを表す上付き添字が同じなので、混乱しないように注意してほしい。

この記号だけを紹介しても何のことやらわからないであろうから、具体的な計算例を示してみよう。天下り的であるが、半径 a の球面について計算をしてみる。球面（2 次元である）を 3 次元の極座標で表すと 2 点間の距離 ds は

$$ds^2 = a^2(dx^1)^2 + a^2\sin^2\theta(dx^2)^2 \tag{A.65}$$

である。ただし、$x^1 = \theta$、$x^2 = \phi$ である。これと

$$(ds)^2 = x^i g_{ij} x^j \tag{A.66}$$

から、$g_{11} = a^2$、$g_{22} = a^2\sin^2\theta$、他の要素は 0 であることがわかる。くどいようであるが、3 次元空間における球面（面である）は 2 次元であることに注意しよう。したがって座標は 2 つ x^1 と x^2 だけである。ここからリッチテンソルを求めてみよう。

$$R_{11} = \frac{\partial}{\partial x^1}\left\{\begin{matrix}\lambda\\1\,\lambda\end{matrix}\right\} - \frac{\partial}{\partial x^\lambda}\left\{\begin{matrix}\lambda\\1\,1\end{matrix}\right\} + \left\{\begin{matrix}\lambda\\\sigma\,1\end{matrix}\right\}\left\{\begin{matrix}\sigma\\1\,\lambda\end{matrix}\right\} - \left\{\begin{matrix}\lambda\\\sigma\lambda\end{matrix}\right\}\left\{\begin{matrix}\sigma\\1\,1\end{matrix}\right\} \tag{A.67}$$

さて、Christoffel の三指記号の計算に取り掛かろう。縮約されている項を全部書きだして計算する[13]。

$$\left\{\begin{matrix}\lambda\\1\,\lambda\end{matrix}\right\} = \left\{\begin{matrix}1\\1\,1\end{matrix}\right\} + \left\{\begin{matrix}2\\1\,2\end{matrix}\right\} \tag{A.68}$$

2 つの項を 1 つずつ計算していくと、

$$\left\{\begin{matrix}1\\1\,1\end{matrix}\right\} = \frac{1}{2}g^{1l}\left(\frac{\partial g_{l1}}{\partial x^1} + \frac{\partial g_{l1}}{\partial x^1} - \frac{\partial g_{11}}{\partial x^l}\right)$$
$$= \frac{1}{2}g^{11}\left(\frac{\partial g_{11}}{\partial x^1} + \frac{\partial g_{11}}{\partial x^1} - \frac{\partial g_{11}}{\partial x^1}\right) + \frac{1}{2}g^{12}\left(\frac{\partial g_{21}}{\partial x^1} + \frac{\partial g_{21}}{\partial x^1} - \frac{\partial g_{11}}{\partial x^2}\right) \tag{A.69}$$

ここで g^{11} は g_{11} と添字の位置が上下逆になっている。これはきちんと計算しておくと

$$g^{11} = \frac{1}{\det g}\tilde{g_{11}} \tag{A.70}$$

なので、

$$g^{11} = \frac{1}{a^2} \tag{A.71}$$

$$g^{22} = \frac{1}{a^2\sin^2\theta} \tag{A.72}$$

となる。ここで $\tilde{g_{ij}}$ は行列の ij 成分の余因子である。したがって

$$\left\{\begin{matrix}1\\1\,1\end{matrix}\right\} = \frac{1}{2}\frac{1}{a^2}\left(\frac{\partial a^2}{\partial\theta} + \frac{\partial a^2}{\partial\theta} - \frac{\partial a^2}{\partial\theta}\right) + 0$$
$$= 0 \tag{A.73}$$

ここで $g^{12} = 0$ であることに注意。次は

$$\left\{\begin{matrix}2\\1\,2\end{matrix}\right\} = \left\{\begin{matrix}2\\2\,1\end{matrix}\right\} = 0 + \frac{1}{2}g^{22}\left(\frac{\partial g_{22}}{\partial x^1} + \frac{\partial g_{21}}{\partial x^2} - \frac{\partial g_{12}}{\partial x^2}\right)$$
$$= \frac{1}{2}\frac{1}{a^2\sin^2\theta}\left(\frac{\partial a^2\sin^2\theta}{\partial\theta} + 0 - 0\right)$$
$$= \frac{\cos\theta}{\sin\theta} \tag{A.74}$$

---

[13] 結構大変な計算量である。

したがって、R_{11} の第 1 項は

$$-\frac{1}{\sin^2 \theta} \tag{A.75}$$

となる。同様に計算を進めると、第 2 項は 0、第 3 項は

$$\frac{\cos^2 \theta}{\sin^2 \theta} \tag{A.76}$$

となるので、

$$
\begin{aligned}
R_{11} &= -\frac{1}{\sin^2 \theta} + \frac{\cos^2 \theta}{\sin^2 \theta} \\
&= -1
\end{aligned}
\tag{A.77}
$$

となる。さらに計算すれば

$$R_{22} = -\sin^2 \theta \tag{A.78}$$
$$R_{12} = R_{21} = 0 \tag{A.79}$$

となるので、スカラー曲率は

$$
\begin{aligned}
R &= g^{11} R_{11} + g^{22} R_{22} \\
&= \frac{1}{a^2}(-1) + \frac{1}{a^2 \sin^2 \theta}(-\sin^2 \theta) \\
&= -\frac{2}{a^2}
\end{aligned}
\tag{A.80}
$$

となる。

　本書では一般相対性理論については基本的考え方と簡単な計算方法を紹介するだけにとどめておく。より詳しいことは相対性理論の専門的な教科書がたくさんあるので、それをしっかり勉強していただきたい。宇宙空間の性質とその理論的表現方法の一端でも理解していただければ本書の付録としては十分に目的を達成できたと考えたい。

付録 B

ニュートリノの性質

　ニュートリノは、現在では素粒子の標準モデルになくてはならない基本素粒子である。しかしながら、理論的な予言をはじめ、発見後も質量がなかなか測定されないなど研究者を楽しませて（悩ませて？）きたため、今でも「謎の素粒子」と呼ばれている。現在ニュートリノに関する謎は質量を除いてほとんどなくなっているので、そろそろ「謎の素粒子」という名称から卒業できるのではないかと思われる。それでも素粒子物理学や宇宙物理学で現在極めてホットな話題になっているニュートリノの性質について、詳しく紹介していく。

B.1　標準理論とニュートリノ

　素粒子の標準理論とは、宇宙に存在するすべての基本粒子（物質）と基本相互作用（力）を記述する理論である。物質を構成する素粒子は、クォーク (quark) とレプトン (lepton) で、それぞれ 6 種類ずつ存在する。クォークやレプトンの種類はフレーバー (flavor；香り) と呼ばれ、2 つずつまとめられてそれぞれ世代 (generation) を作る[*1]。表 B.1 に物質を構成する基本粒子を列挙する。

表 B.1　物質を構成するクォークとレプトン

	名称と記号および質量		
	第 1 世代	第 2 世代	第 3 世代
電荷 $+2/3e$ の クォーク	アップ (u)	チャーム (c)	トップ (t)
	$1.5 \sim 4$ MeV	$1150 \sim 1350$ MeV	$170000 \sim 180000$ MeV
電荷 $-1/3e$ の クォーク	ダウン (d)	ストレンジ (s)	ボトム (b)
	$4 \sim 8$ MeV	$80 \sim 130$ MeV	$4100 \sim 4900$ MeV
電荷 $-e$ の レプトン	電子 (e)	ミュー (μ)	タウ (τ)
	0.511 MeV	105.7 MeV	1776 MeV
電荷 $0e$ の レプトン	電子ニュートリノ (ν_{e})	ミューニュートリノ (ν_μ)	タウニュートリノ (ν_τ)
	$< 10^{-6}$ MeV	< 0.19 MeV	< 18 MeV

クォークモデルはゲルマンとツヴァイクによって提唱されたモデルで、当初は u、d、s の 3 種類で理

[*1] 一度にたくさんの専門用語がでてきて頭がクラクラしている読者の姿が目に浮かんでしまうが、ここはひとつ頑張って読み切っていただきたい。もう少し詳しい話は続刊に期待していただきたい。

論を構成していた。後に小林誠と益川敏英がクォークにはあと 3 種類必要であることを示し、レプトンと併せて全 12 種類、3 世代の素粒子モデルを 1973 年に考案した。その後 1974 年に c、1977 年に b が見つかって小林-益川モデルは注目を浴び、世界中で最後のクォークである t を発見する競争が始まった。トップクォークの探索は極めて困難で、最高のエネルギーで実験するための巨大な加速器が多数作られてきた。日本の高エネルギー物理学研究所（当時）もトップクォークを見つけるために巨大な加速器を建設したが見つけることはできなかった。1995 年になってようやくアメリカのフェルミ研究所の加速器によって t が発見されて 3 世代の素粒子模型は確立された。2008 年に 3 世代の素粒子モデルを考案した小林誠と益川敏英、その理論的基礎を作った南部陽一郎にノーベル物理学賞が授与された。

　クォークは電荷が整数になるように 3 個が組み合わさってバリオンを作る。バリオンは（重い粒子）という意味であり、物質の基本粒子である陽子や中性子がその例である。現在数百を超えるバリオンが見つかっており、その数が多すぎることからバリオンを作るためのさらに基本的な粒子が提案されたことがクォークモデルのきっかけであった。クォークが 2 つ組み合わさって電荷が整数になるようになっている粒子はメソン（中間子）と呼ばれ、これらは原子核の内部で陽子や中性子を束縛したり原子核反応を起こす際に力（強い力と呼ばれる力）を媒介する。メソンは 1935 年に湯川秀樹によって理論的に存在が予言され、12 年後の 1947 年に C.F. パウエルらのグループによって宇宙線の中に存在する粒子として発見された。

　レプトン（軽粒子）は、物質を作る基本粒子であり、4 種類の基本相互作用のうち強い相互作用をしない粒子である。電荷 $-1e$ を持つ電子、ミュー、タウのそれぞれにニュートリノがペアを組むように分類されている。もちろんこの分類は便宜上だけの話ではない。例えば電子がかかわる反応で発生するニュートリノは電子ニュートリノ、ミューがかかわる反応で発生するニュートリノはミューニュートリノと決まっている。レプトンもクォークと同様に 3 世代に分類されており、第 4 世代に属するレプトンは見つかっていない。

　ニュートリノは電荷が 0 で物質との相互作用が極めて弱いため、20 世紀はじめまで存在が知られていなかった。1920 年代に物理学の根底を覆しかねない大問題が起こっていた。それは原子核の β 崩壊で発生する電子のエネルギー分布である。例えば ^{60}Co という原子核は β 崩壊して ^{60}Ni に崩壊する。1920 年代の知識では、この反応式は次のようになると考えられていた。

$$^{60}\text{Co} \rightarrow \,^{60}\text{Ni} + e^- \tag{B.1}$$

崩壊後は ^{60}Ni と電子だけが存在し、崩壊に伴って放出されるエネルギーを質量の比で分配しあうため、電子のエネルギーは一定の値になるはずである。ところが、電子のエネルギーを測定してみると、それは一定の値になっておらず、当初予想されていたエネルギーを最大値とする連続分布になっていた。発見当時は「エネルギー保存の法則が破綻しているか！？」などと多くの憶測が飛び交ったであろう。この問題を解決したのはドイツの理論物理学者 W. パウリ（W.Pauli: 1900-1958）であった。1930 年代になってパウリは β 崩壊のエネルギー問題について、物質とほとんど反応しない新しい粒子、ニュートリノがエネルギーを持ち去っているために電子のエネルギーが連続的に分布してしまうのではないかと提案した。この提案により、^{60}Co の β 崩壊は次のように書き換えられた。

$$^{60}\text{Co} \rightarrow \,^{60}\text{Ni} + e^- + \bar{\nu}_e \tag{B.2}$$

ここで、$\bar{\nu}_e$ は電子ニュートリノの反粒子（反電子ニュートリノと呼ぶ）である。ニュートリノはパウリの提案の約 25 年後になってようやく発見された。その後ミュー、タウのそれぞれに対応するレプトンと

してミューニュートリノ、タウニュートリノが考えられ、それぞれ発見されている。当初からニュートリノの質量は 0 または極めて軽いと考えられてきたが理論的には何の根拠もない。

B.2 ニュートリノの質量

さて、表 B.1 を見れば、すぐにニュートリノの欄における質量の値にすべて不等号が付いていることに気付くであろう。標準模型ではニュートリノの質量に限らず、クォークやレプトンの質量を理論的に予測することができない。ニュートリノに至っては（多分）軽いだろうと思っているだけで、質量を測定する実験はすべて失敗に終わっている*²。最も感度よく測定することのできるニュートリノは電子ニュートリノである。電子ニュートリノは自然界に通常存在する放射性同位元素の β 崩壊や太陽中心部における核融合反応で多量に発生するため、多くのデータを取ることができるからである。

電子ニュートリノの質量を直接測定しようという研究は、原子核の β 崩壊で放出される電子のエネルギー分布を測定して行われる。ニュートリノは極めて軽い上に、物質との相互作用が極めて弱いため、どこかにたくさん集めて秤に乗せるなどというようなことができないのである。ニュートリノを直接観測することも大変困難であるため、ニュートリノが関わるいろいろな素粒子反応を用いて間接的に測定する。以下に、現在までに行われたニュートリノ質量の測定方法を列挙する。

B.2.1 β 崩壊における β 線のエネルギースペクトルの歪み

β 崩壊で放出される β 線（電子のことである）は、β 崩壊で放出される全エネルギー（Q 値という）以下の連続したエネルギー分布を示す。β 線に与えられるエネルギーの最高値は、ニュートリノの質量が 0 であれば Q 値と同じ値になる。ところがニュートリノに有限の質量が存在した場合には β 線の最高エネルギーがニュートリノの質量エネルギーすなわち $E = m_\nu c^2$ だけ低くなる。ここで m_ν はニュートリノの質量である。β 崩壊では電子が関係するのでここで測定可能なのは電子ニュートリノの質量である。1985 年に J.J.Simpson が ^{3}H の β 崩壊で放出される β 線のエネルギースペクトルにわずかな歪みを見つけ、これから 17.1 keV という極めて重いニュートリノの証拠を見いだしたと報告した (Physical Review Letters **54** (1985) 1891)。

これは当時多くの宇宙物理学者を悩ませていた（いまも悩んでいるが）宇宙暗黒物質問題を解決する重要な手がかりであると考えられ、世界中で追試の研究が行われた。ところが、結果は 2 つに分かれ議論が紛糾したのである。ある方法で実験すると、確かに 17 keV のニュートリノが存在するかのような結果を示し、別の方法で実験するとそのような結果は出ないという互いに反する結果が出ていたのである。

論争は長期にわたり、1993 年頃になって J.J.Simpson 自身が 17 keV ニュートリノの存在を撤回するまで多くの実験が行われた。結論はニュートリノの性質による β 線エネルギースペクトルの歪みではなく、実験装置の特性であるということらしい。現在でも電子ニュートリノの質量を直接測定する方法として重要な測定方法であるが、理論的な計数値が 0 になる部分のわずかな歪みを測定しなければならないため、精度の高い実験は極めて困難である。

---

*² 失敗というとそれをやっている研究者（筆者を含む）は悲しむであろう。しかし、その時点で最高感度の装置を用いて測定を行った結果信号が出なかったのであればそれは失敗という表現がもっともらしい（のかな）。

B.2.2　二重ベータ崩壊

通常の β 崩壊は、高いエネルギーを持っている原子核が電子とニュートリノを放出してより低いエネルギーを持つ原子核に崩壊する現象である。隣の原子核がもとの原子核よりも低くなければ β 崩壊は起こらない。しかし、エネルギーの高低の関係上、隣の原子核へ β 崩壊ができない原子核でも、そのさらに隣の原子核がより低いエネルギーを持っているならば、1つ飛ばして一気に 2 回 β 崩壊をすることができる。ややこしい文章を読むよりも図 B.1 を見た方がわかりやすいだろう。一気に 2 回分の β 崩壊が

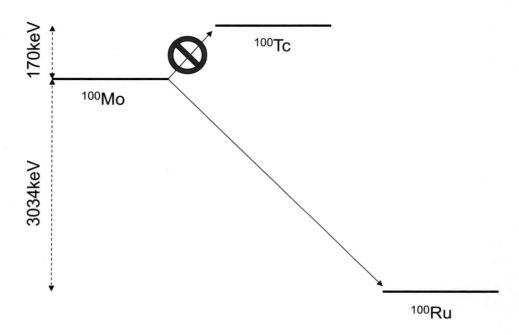

図 B.1　二重 β 崩壊を起こす原子核の例
関連する原子核 ^{100}Mo(モリブデン 100) 、^{100}Tc(テクネシウム 100) と ^{100}Ru(ルテニウム 100) のエネルギー関係図。エネルギーの高低が図の原子核を表す横線の上下で表現されている。

起こるので電子と反電子ニュートリノがそれぞれ 2 個ずつ放出されるというのが、標準理論の枠組みで起こる反応で、反応式は次のようになる。

$$^{100}\text{Mo} \rightarrow {}^{100}\text{Ru} + 2\text{e}^- + 2\bar{\nu}_\text{e} \tag{B.3}$$

ニュートリノに質量があるか、ニュートリノのスピンが右巻きの場合には、反電子ニュートリノが放出されない現象が起こる可能性があり、次のような反応式になる。

$$^{100}\text{Mo} \rightarrow {}^{100}\text{Ru} + 2\text{e}^- \tag{B.4}$$

これは素粒子の標準理論の枠組みを超えているので起こらないはずであるが、標準理論が究極の理論ではないと考えられている現在ではわずかながらもニュートリノの出ない二重 β 崩壊が起こる確率があると考えられている。

二重 β 崩壊による原子核の半減期 $T_{1/2}^{0\nu\beta\beta}$ は、原子核のエネルギー差から計算することのできる力学的因子 $G^{0\nu}$、原子核構造によって決まる核行列要素 $|M^{0\nu}|$ およびニュートリノの性質によって決まる因子 $K_{\nu\mathrm{R}}$ を用いて次のような式で求められる。

$$\frac{\ln 2}{T_{1/2}^{0\nu\beta\beta}} = G^{0\nu} \left| M^{0\nu} \right| K_{\nu\mathrm{R}} \tag{B.5}$$

核行列要素は標準理論の枠内で起こる 2 つのニュートリノを放出する二重 β 崩壊の崩壊確率から求められる核行列要素 $|M^{2\nu}|$ を参考にして理論的に計算することができる。さらに、核行列要素は実験的に測定する試みが多くの原子核実験を行う研究所(日本では大阪大学核物理研究センターが中心)で行われている。$K_{\nu\mathrm{R}}$ は、標準理論を超えるモデルで予想されるニュートリノのさまざまな性質を含んでおり、ニュートリノの質量 $\langle m_\nu \rangle$ や右巻き相互作用*3の確率 $\langle \eta \rangle$ および $\langle \lambda \rangle$ の関数である。

B.2.3 ニュートリノ振動

ニュートリノに質量があることの証拠を最初につかんだ実験はニュートリノ振動である。ニュートリノは 3 種類(種類のことをフレーバーと呼ぶ)存在することが知られており、それらは電子ニュートリノ ν_e、ミューニュートリノ ν_μ、タウニュートリノ ν_τ と呼ばれている。これらのニュートリノはそれぞれ弱い相互作用によって反応形式が決まっているため、各種類を「弱い相互作用の固有状態 (weak eigenstate)」と呼ぶ。

ニュートリノにわずかでも質量が存在すると、弱い相互作用の固有状態は純粋な固有状態とはならなくなってしまう。この場合にはそれぞれのニュートリノはニュートリノの質量固有状態 (mass eigenstate) の組み合わせ(一次結合)で表される。すなわち

$$|\nu_\alpha\rangle = \sum_i U_{\alpha i}^* |\nu_i\rangle \tag{B.6}$$

と表される。ここで ν_α はニュートリノの weak eigenstate を表し、$\alpha = \mathrm{e}, \mu, \tau$ である。また、ν_i はニュートリノの mass eigenstate を表し、$i = 1, 2, 3$ とする。

ニュートリノのフレーバーは 3 種類あるが、ここでは簡単のために 2 種類の間の変化を記述していく。3 種類のニュートリノ振動についてはさらに進んだ教科書や論文を読むことをお勧めする。2 フレーバー間の振動の場合、$U_{\alpha i}$ は次のように書くことができる。

$$U = \begin{pmatrix} \cos\theta & \sin\theta \\ -\sin\theta & \cos\theta \end{pmatrix} \tag{B.7}$$

ν_i は時間とともにフレーバーが変化するので、量子力学のシュレーディンガー方程式を書くことができて、

$$-i\hbar \frac{\partial}{\partial t} |\nu_i\rangle = E |\nu_i\rangle \tag{B.8}$$

となる。これは極簡単に解くことができて、

$$|\nu_i(t)\rangle = \exp(-iEt) |\nu_i(0)\rangle \tag{B.9}$$

---

*3 標準理論ではニュートリノは左巻きしか存在しないことになっている。スピン固有値の z 成分が粒子の進行方向と同じ場合には左巻き、逆の場合を右巻きと呼ぶことにしている。詳しくは素粒子物理学の続刊に期待していただきたい。

となる。ここで $|\nu_i(t)\rangle$ および $|\nu_i(0)\rangle$ はそれぞれ発生後時間 t 経過後および発生直後のニュートリノの波動関数である。式 (B.6) と式 (B.9) から、ν_α として発生したニュートリノが時刻 t だけ飛行した時の波動関数を $|\nu_\alpha(t)\rangle$ とすれば次の式が成り立つ。

$$|\nu_\alpha(t)\rangle = \sum_i U_{\alpha i} \exp(-iEt) |\nu_i(t)\rangle \tag{B.10}$$

ここで、$E = \sqrt{m^2 + p^2}$ かつ $m \ll p$ であるから近似ができて $E \simeq p + \frac{m^2}{p}$ とすることができる。またニュートリノはほとんど高速で運動しているので、$t = L/c = L$ とすることができる。

　ここでは素粒子物理学でよく使う $c = \hbar = 1$ という自然単位系を用いて計算をしている。これを用いれば数式に頻繁に現れる $\hbar$ や c を省略できて計算がすっきりして間違えにくい。計算の最後に単位の換算を行えば現実の世界で起こる現象を計算できる。その場合に役立つ関係式は

$$\hbar c = 0.197 \text{ GeV} \cdot \text{fm} \tag{B.11}$$

である。$\hbar$ も c も 1 にしてしまっているので、

$$1 \text{ GeV}^{-1} = 0.197 \text{ fm} \tag{B.12}$$

となる。この関係式は素粒子物理学や原子核物理学の計算ではやたら出てくるのでそのうち覚えるであろう。

　上記の近似と式 (B.7) を用いて式 (B.10) を整理すると次のようになる。

$$|\nu_\alpha(t)\rangle = \cos\theta \exp(-iEL) \exp\left(-i\frac{m_1^2}{2E}L\right) |\nu_1(0)\rangle + \sin\theta \exp(-iEL) \exp\left(-i\frac{m_2^2}{2E}L\right) |\nu_2(0)\rangle \tag{B.13}$$

　時刻 t すなわち距離 L 進んだ位置における ν_α の存在確率を求めるために、式 (B.13) に左から

$$\langle\nu_\alpha(0)| = \cos\theta \langle\nu_\alpha(0)| + \sin\theta \langle\nu_\alpha(0)| \tag{B.14}$$

をかける。すると、$i \neq j$ のとき $\langle\nu_i|\nu_j\rangle = 0$ であるから

$$\langle\nu_\alpha(0)|\nu_\alpha(t)\rangle = \cos^2\theta \exp(-iEL) \exp\left(-i\frac{m_1^2}{2E}L\right) + \sin^2\theta \exp(-iEL) \exp\left(-i\frac{m_2^2}{2E}L\right) \tag{B.15}$$

となる。ν_α の存在確率は、

$$|\langle\nu_\alpha(0)|\nu_\alpha(t)\rangle|^2 = 1 - \sin^2 2\theta \cdot \sin^2\left(\frac{\Delta m^2}{4E}L\right) \tag{B.16}$$

となる。ここで、ガウスの関係式

$$\exp(i\theta) = \cos\theta + i\sin\theta \tag{B.17}$$

および倍角の公式

$$\sin\theta \cos\theta = \frac{1}{2}\sin 2\theta \tag{B.18}$$

を使った。また、$\Delta m^2 \equiv m_2^2 - m_1^2$ である。

　式 (B.16) の 2 つ目の三角関数の引数について、単位の換算をしておく必要がある。Δm^2 の単位は eV^2、E の単位は GeV、L の単位は km なので、それぞれ整理して 1 GeV·fm= 1/0.197 を用いれば

$$|\langle \nu_\alpha(0)|\nu_\alpha(t)\rangle|^2 = 1 - \sin^2 2\theta \cdot \sin^2\left(1.27\frac{\Delta m^2}{4E}L\right) \tag{B.19}$$

と表すことができる。式 (B.19) が示すように、2 つのニュートリノに質量の差があればニュートリノは飛行する間に他のニュートリノに変化してしまう。発生源からの距離 L [km] におけるニュートリノの変化の割合は mixing angle θ と 2 つのニュートリノの質量の 2 乗差 Δm^2 によって決まる。

付録 C

ビリアル定理

　ビリアル定理は、N 個の粒子からなる系が束縛状態にあるような場合の、系の運動の性質を決める定理である。もともと気体分子の運動を説明するために統計力学の研究から考えられたこの定理は、後に量子力学、宇宙科学など幅広い分野に応用されるようになった。ここでは、宇宙を対象とした場合の系を銀河系、銀河団とし、その構成粒子をそれぞれ恒星および銀河系として考える。それぞれの恒星粒子は互いの重力によって系に束縛されており、系全体の平均ポテンシャルを U とする。

　例として N 個の銀河を含む銀河団の例を考える。それぞれの銀河の位置ベクトルを $\boldsymbol{x}_i, (i = 1, 2, \cdots N)$ とする。i 番目の銀河 (質量 m_i) の運動方程式から、加速度 $\ddot{\boldsymbol{x}}_i \equiv \frac{d^2 \boldsymbol{x}_i}{dt^2}$ は次式で与えられる。

$$\ddot{\boldsymbol{x}}_i = G \sum_{j \neq i} \frac{\boldsymbol{x}_j - \boldsymbol{x}_i}{|\boldsymbol{x}_j - \boldsymbol{x}_i|^3} \tag{C.1}$$

ここで、G は万有引力定数である。また、i 番目の銀河が受ける銀河団による重力ポテンシャル U は、

$$U = -\frac{1}{2} G \sum_{\substack{i,j \\ j \neq i}} \frac{m_i m_j}{|\boldsymbol{x}_j - \boldsymbol{x}_i|} \tag{C.2}$$

または

$$U = -\alpha \frac{GM^2}{r_{\mathrm{h}}} \tag{C.3}$$

と表される。ここで M は銀河団全体の質量、r_{h} は銀河団の全質量の半分が存在する領域の半径である。

　銀河団の慣性モーメント I を考え、銀河団全体の運動方程式を作る。そのためにまず I を計算すると、力学で学ぶ内容から

$$I = \sum_i m_i |\boldsymbol{x}_i|^2 \tag{C.4}$$

と与えられる。系の運動方程式は、

$$\frac{d^2 I}{dt^2} = 2 \sum_i m_i (\boldsymbol{x}_i \cdot \ddot{\boldsymbol{x}}_i + \dot{\boldsymbol{x}}_i \cdot \dot{\boldsymbol{x}}_i) \tag{C.5}$$

と計算される。ここで銀河の相対運動エネルギー K は、

$$K = \frac{1}{2} \sum_i m_i |\dot{\boldsymbol{x}}_i|^2 \tag{C.6}$$

と表すことができる。これで式 (C.5) の第 2 項を運動エネルギー K で表すことができた。次に、式 (C.5) の第 1 項に式 (C.1) を代入すると、

$$\sum_i m_i(\boldsymbol{x}_i \cdot \ddot{\boldsymbol{x}}_i) = G \sum_{\substack{i,j \\ j \neq i}} m_i m_j \frac{\boldsymbol{x}_i \cdot (\boldsymbol{x}_j - \boldsymbol{x}_i)}{|\boldsymbol{x}_j - \boldsymbol{x}_i|^3} \tag{C.7}$$

i と j は入れ替えても同じ計算になり、しかも和の添字にかかわらず 1 つの銀河団における上式の和は同じになるので、

$$\sum_i m_i(\boldsymbol{x}_i \cdot \ddot{\boldsymbol{x}}_i) = \sum_j m_j(\boldsymbol{x}_j \cdot \ddot{\boldsymbol{x}}_j) \tag{C.8}$$

となる。これらを足して 2 で割っても同じ結果になるので次の様にして式 (C.5) の第 1 項を求めることができる、すなわち、

$$\begin{aligned} \sum_i m_i(\boldsymbol{x}_i \cdot \ddot{\boldsymbol{x}}_i) &= \frac{1}{2} \left\{ \sum_i m_i(\boldsymbol{x}_i \cdot \ddot{\boldsymbol{x}}_i) + \sum_j m_j(\boldsymbol{x}_j \cdot \ddot{\boldsymbol{x}}_j) \right\} \\ &= -\frac{1}{2} G \sum_{\substack{i,j \\ j \neq i}} \frac{m_i m_j}{|\boldsymbol{x}_j - \boldsymbol{x}_i|} \\ &= U \end{aligned} \tag{C.9}$$

となる。これで、式 (C.5) は運動エネルギー K とポテンシャルエネルギー U を用いて簡単に

$$\frac{d^2 I}{dt^2} = 2U + 4K \tag{C.10}$$

と表すことができる。この関係式をビリアル定理という。銀河団の重心が静止しており、大きな変化が見られない静的な状態にあるという定常状態のビリアル定理は式 (C.10) の左辺が 0 になるので、

$$K = -\frac{U}{2} \tag{C.11}$$

となる。したがって、銀河団を構成する銀河の運動エネルギーを観測すれば、銀河団を束縛するポテンシャルエネルギーを知ることができ、そこから銀河団に存在する質量を求めることができる。このようにして求められた質量を**力学的質量**という。

付録 D

球面調和関数

球面調和関数は、3次元極座標 (r, θ, ϕ) の角度 θ と ϕ に対する微分方程式、

$$\frac{1}{\sin\theta}\frac{\partial}{\partial\theta}\left(\sin\theta\frac{\partial Y}{\partial\theta}\right) + \frac{1}{\sin^2\theta}\frac{\partial^2 Y}{\partial\phi^2} + \lambda Y = 0 \tag{D.1}$$

の解 $Y_{lm}(\theta, \phi)$ である。この微分方程式を θ と ϕ の2変数に分離して $Y_{lm}(\theta, \phi) = \Theta(\theta)\Phi(\phi)$ と表して方程式を分けると、

$$\frac{d^2\Phi}{d\phi^2} + m\Phi = 0 \tag{D.2}$$

$$\frac{1}{\sin\theta}\frac{d}{d\theta}\left(\sin\theta\frac{d\Theta}{d\theta}\right) + \left(\lambda - \frac{m^2}{\sin^2\theta}\right)\Theta = 0 \tag{D.3}$$

となる。上の第一方程式は容易に解くことができ、

$$\Phi_m = \frac{1}{\sqrt{2\pi}}\exp(im\phi) \tag{D.4}$$

となる。ここで m は $|m| < l$ の条件を満たす整数である。天頂角 θ に関する微分方程式は、$\cos\theta = w$ と変数変換して $\Theta(\theta) = P(w)$ とすれば簡単になり、

$$\frac{d}{dw}\left\{(1-w^2)\frac{dP}{dw}\right\} + \left(\lambda - \frac{m^2}{1-w^2}\right)P = 0 \tag{D.5}$$

と表される。これを解いた解 $P_l(w)$ は、ルジャンドル多項式と呼ばれている。ここで $\lambda = l(l+1)$ である[*1]。

$\Phi(\phi)$ と $\Theta(\theta)$ の積を規格化した関数が Y であり、

$$Y_{lm}(\theta, \phi) = (-1)^m\sqrt{\frac{2l+1}{4\pi}\frac{(l-|m|)!}{l+|m|)!}}P_{lm}(\cos\theta)\exp(im\phi) \tag{D.6}$$

と表される。

ルジャンドル多項式 $P_l(\cos\theta)$ は、図 D.1 に示すような角度分布を持つ。l の値は強度が大きくなる方向の数に対応していることがわかる。

[*1] 詳しい解き方やこの関数の詳しい性質については物理数学の教科書を参考にされたい。

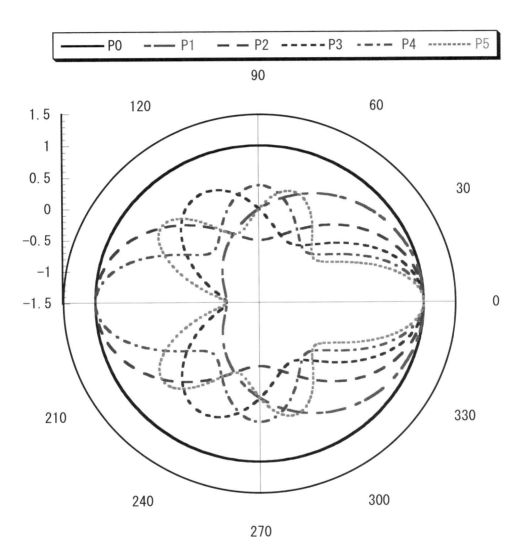

図 D.1 ルジャンドル多項式 $P_l(\cos\theta)$ の例

図では、実線、長い一点鎖線、長い破線、短い破線、短い一点鎖線、点線の順に $l = 0, 1, 2, 3, 4, 5$ の角分布を示している。

付録 E

単位・定数

E.1　単位換算

表 E.1　宇宙物理学でよく使う単位の基本的な換算表である。SI 単位系との換算ができるようにしてある。

もとの単位	読み方	SI 単位	読み方
1 erg	エルグ	10^{-7} J	ジュール
1 eV	エレクトロンボルト	1.60×10^{-19} J	ジュール
1 eV/c^2	エレクトロンボルトオーバーシースクェア	1.78×10^{-36} kg	キログラム
1 ly	光年	9.46×10^{15} m	メートル
1 pc	パーセク	3.09×10^{16} m	メートル
1 AU	天文単位	1.496×10^{11} m	メートル
1 barn	バーン	1×10^{-28} m^2	平方メートル

表 E.2　補助単位。単位も前に付けて桁を表す。

記号	べき	読み方	記号	べき	読み方
h	10^2	ヘクト (hecto)	c	10^{-2}	センチ (centi)
k	10^3	キロ (kilo)	m	10^{-3}	ミリ (milli)
M	10^6	メガ (mega)	μ	10^{-6}	マイクロ (micro)
G	10^9	ギガ (giga)	n	10^{-9}	ナノ (nano)
T	10^{12}	テラ (tera)	p	10^{-12}	ピコ (pico)
P	10^{15}	ペタ (peta)	f	10^{-15}	フェムト (femto)
E	10^{18}	エクサ (exa)	a	10^{-18}	アト (atto)

E.2　宇宙物理学でよく使う定数

物理量	記号、式	数値
光速	c	299 792 458 m/s (定義)
プランク定数	h	6.626 069 3$\times 10^{-34}$ Js
換算プランク定数	$\hbar = h/2\pi$	1.054 571 68$\times 10^{-34}$ Js
		= 6.582 119 15$\times 10^{-22}$ MeVs
電荷素量	e	1.602 176 53$\times 10^{-19}$ C
換算係数	$\hbar c$	197.326 968 MeVfm
換算係数	$(\hbar c)^2$	0.389 379 323 GeV^{2}mb
真空の誘電率	$\epsilon_0 = 1/(\mu_0 c^2)$	8.854 187 817$\times 10^{-12}$ Fm^{-1}
真空の透磁率	μ_0	$4\pi \times 10^{-7}$ N A^{-2} = 1.256 637 061$\times 10^{-6}$ N A^{-2}
電子の質量	m_{e}	0.510 998 918 MeV/c^2 = 9.109 381 88$\times 10^{-31}$ kg
陽子の質量	m_{p}	938.271 998 MeV/c^2 = 1.672 621 58$\times 10^{-27}$ kg
中性子の質量	m_{n}	939.565 360 MeV/c^2 = 1.674 927 21$\times 10^{-27}$ kg
重陽子の質量	m_{D}	1875.612 82 MeV/c^2 = 3.343 58$\times 10^{-27}$ kg
ボルツマン定数	k_{B}	1.380 6505$\times 10^{-23}$ JK^{-1}
		= 8.617 343$\times 10^{-5}$ eVK^{-1}
アボガドロ数	N_{A}	6.022 1415$\times 10^{23}$ mol^{-1}
フェルミ結合定数	$G_{\mathrm{F}}/(\hbar c)^3$	1.166 37$\times 10^{-5}$ GeV^{-2}
重力定数	G	6.6742$\times 10^{-11}$ m^{3}kg^{-1}s^{-2}
		= 6.7087$\times 10^{-39}\hbar c$ (GeV/c^2)$^{-2}$
微細構造定数	$\alpha = e^2/4\pi\epsilon_0\hbar c$	7.297 352 568$\times 10^{-3}$ = 1/137.035 999 11
弱相互作用混合角	$\sin 2\theta_{\mathrm{W}}$	0.231 20
プランク質量	$M_P = \sqrt{\hbar c/G}$	1.220 90$\times 10^{19}$ GeV/c^2
		= 2.176 45$\times 10^{-8}$ kg
プランク時間	$t_{\mathrm{P}} = \sqrt{G\hbar/c^5}$	5.391 19$\times 10^{-44}$ s
太陽の質量	$M_\odot$	1.9891$\times 10^{30}$ kg
太陽の光度	$L_\odot$	3.826$\times 10^{26}$ W
宇宙の臨界密度	$\rho_{\mathrm{c}} = 3H_0^2/8\pi G$	2.775 366 27$\times 10^{11}h^2 M_\odot$ Mpc^{-3}
		= 1.878 37$\times 10^{-29}h^2$ gcm^{-3}
		= 1.053 69$\times 10^{-5}h^2$ (GeV/c^2)cm^{-3}

E.3　その他

表 E.3　ギリシャ文字のアルファベット

大文字	小文字	発音	大文字	小文字	発音	大文字	小文字	発音
A	α	アルファ	I	ι	イオタ	P	ρ	ロー
B	β	ベータ	K	κ	カッパ	Σ	σ	シグマ
Γ	γ	ガンマ	Λ	λ	ラムダ	T	τ	タウ
Δ	δ	デルタ	M	μ	ミュー	Υ	υ	ウプシロン
E	ϵ	イプシロン	N	ν	ニュー	Φ	ϕ	ファイ
Z	ζ	ゼータ	Ξ	ξ	グザイ	X	χ	カイ
H	η	エータ	O	o	オミクロン	Ψ	ψ	プサイ
Θ	θ	シータ	Π	π	パイ	Ω	ω	オメガ

付録 F

参考図書

1. 天文学関連書
   - （a）『天文年鑑』

     天文年鑑編集委員会編、誠文堂新光社、毎年発行

     毎年の天文現象を網羅している天文書。そのほかに天体写真のためのデータ、太陽系の天体や多数の恒星、星雲、星団の情報を掲載している。
   - （b）『140 億年のすべてが見えてくる　宇宙の事典』

     沼澤茂美、脇屋奈々代著、ナツメ社、2005 年

     すべてカラーの図が使用されていて物理、天文の基礎知識がなくてもこの一冊で基礎知識を身につけることができるであろう。
   - （c）『天文台の電話番』

     国立天文台広報普及室、長沢工著、地人書館、2001 年

     国立天文台に寄せられる沢山の問い合わせ電話や手紙を基に構成されている。多くの人が宇宙や星に対してどのような思いを寄せているか、またいろいろな質問によって明らかになる一般の人々の誤解などを楽しく紹介している。
   - （d）『新装改訂版　星座の神話　–星座史と星名の意味–』

     原恵著、恒星社厚生閣、1996 年

     星座の神話、有名な星の名前の起源について各地の神話をひもといて解説している。読み物としてもお薦め。

2. 宇宙物理学関連書
   - （a）『宇宙物理学』

     林忠四郎、早川幸男編、岩波書店、1978 年

     古い本であるが宇宙物理学のすべてが網羅されている。最新の情報が載っている本と併用して読むことがお薦め。
   - （b）『シリーズ〈 宇宙物理学の基礎 〉6 巻　ブラックホール』

     小嶌康史、小出眞路、高橋労太著、日本評論社、2019 年

     特殊相対性理論と一般相対性理論の基本的な知識を前提としているが、途中の計算を丁寧に解説している。計算のつまずきそうな所について丁寧な説明があるので、上級の理解を目指そうとする人にはお薦めの本である。本書のブラックホールの解説でも多数参考にしている。
   - （c）『宇宙論入門』

バーバラ・ライデン著、牧野伸義訳、ピアソン・エデュケーション、2003 年

宇宙論入門の決定版。大学物理系の 3 年生以上の学生向けで、古典物理学、量子論、相対論の基礎的な知識が要求される。

(d) 『いまさら宇宙論？』

佐藤文隆著、丸善、1999 年

宇宙論についてよくある誤解を丁寧に解説して、宇宙論を正確に理解できるように心がけている。多くの誤解や頓珍漢な質問に向き合ってきた著者の経験談は趣があってよい。

(e) 『なっとくする宇宙論』

二間瀬敏史著、講談社 1998 年

宇宙論をさらに勉強したい人向けの最適な入門書。最新の観測情報を沢山取り入れて宇宙の成り立ちや進化を解説している。

(f) 『宇宙暗黒物質とは何か』

鈴木洋一郎著、幻冬舎新書、2013 年

宇宙暗黒物質について一般にわかるように解説している。3 章以降には宇宙暗黒物質を探索する大規模プロジェクト XMASS を主導してきた本人にしかわからない苦労話や研究者としての心得などがちりばめられている。

(g) 『 宇宙を創るダークマター　　「宇宙カクテル」のレシピ 』

キャサリン・フリース著、日本評論社 2015 年

宇宙暗黒物質の理論研究に関する第一人者が最新の実験結果と理論について現場を丁寧に取材しながら紹介している。平易な文章で熱気あふれる研究の現場を紹介しており、本書を読む前にこの本を読んで「宇宙暗黒物質の謎を解き明かしたい！」という意欲を強くしよう。

3. 物理学関連書

(a) 『なっとくする物理数学』

都築卓司著、講談社、1995 年

宇宙に限らず物理全般で必要な数学を直感的な手法で解説している。宇宙は好きだけれど数学が苦手という筆者 (伏見) のような読者には最適。

(b) 『初等相対性理論』

高橋康著、講談社、1983 年

高校数学レベルの知識から特殊相対性理論を勉強する本。豊富な計算例によって理解しやすくできている。

(c) 『相対性理論』

内山龍雄著、岩波書店 、1987 年

著者が「この本を読んで理解できないようなら相対論を理解することをあきらめるように」と断言するだけあって、厳密さを損なうことなく理解のしやすさにも注意を払った名著。ぜひ読破していただきたい。

(d) 『なっとくする相対性理論』

松田卓也、二間瀬敏史著、講談社、1996 年

相対性理論の初学者が陥りやすい誤解を丁寧に解説しながら、特殊、一般相対性理論をしっかりと勉強できる良書。

あとがき・謝辞

　そろそろ第 2 版を書かなければならないと考えてから 1 年以上経ってしまったが、なんとか書き上げることができた。初版を出してから宇宙に関する情報は劇的に変わり、現在も日々新しい観測結果が報告されている。教科書を書き進めるうちに記述を修正することが、いくつかあるなどして時間が経ってしまったが、ひとまず現時点の情報として本書をまとめることにした。

　本書を執筆するにあたって大学教育出版の佐藤守氏には、いつまでたっても完成しない原稿を辛抱強く待ってくださったことに感謝申し上げる。同社の中島美代子氏には筆者の原稿のミスを極めて丁寧にチェックしていただいた。徳島大学講師の折戸玲子氏には講義に本書の初版を採用していただき、多数のコメントを寄せていただいた。研究室ゼミや専門の講義では多数の学生からいろいろな質問が寄せられ、第 2 版改訂版を完成させる際に大変参考になった。

　妻裕子には初版執筆の際にもっとわかりやすい本を書くと宣言していたにもかかわらず、さらに難しい本を書いてしまったことを詫びなければならない。

　今後も読者諸賢にさらなる研鑽を重ねていただけることをお願い申し上げる。

伏見賢一

索引

■著者紹介

伏見　賢一（ふしみ・けんいち）

1966 年　大阪府に生まれる
1985 年　桃山学院高等学校卒業
1985 年　関西学院大学入学
1989 年　大阪大学大学院理学研究科入学
1994 年　同上修了，日本学術振興会特別研究員（PD）
　　　　　博士（理学）大阪大学
1995 年　徳島大学総合科学部　講師
2000 年　同上　助教授
2007 年　同上　准教授
2014 年　同上　教授

宇宙物理学入門
― 現代宇宙物理学の A から Ω ―　　第 3 版

2008 年 4 月 21 日　初　版第 1 刷発行
2015 年 11 月 25 日　第 2 版第 1 刷発行
2021 年 4 月 15 日　第 3 版第 1 刷発行

■著　　　者——伏見賢一
■発 行 者——佐藤　守
■発 行 所——株式会社 大学教育出版
　　　　　　　〒 700-0953　岡山市南区西市 855-4
　　　　　　　電話 (086) 244-1268 ㈹　FAX (086) 246-0294
■印刷製本——モリモト印刷㈱
■Ｄ Ｔ Ｐ——北村雅子

ISBN978-4-86692-134-1